Albert Wild

Die Grundsätze der Wahrscheinlichkeits-Rechnung und ihre Anwendungen

bremen university press

Albert Wild

Die Grundsätze der Wahrscheinlichkeits-Rechnung und ihre Anwendungen

ISBN/EAN: 9783955621964

Auflage: 1

Erscheinungsjahr: 2013

Erscheinungsort: Bremen, Deutschland

@ Bremen-university-press in Access Verlag GmbH, Fahrenheitstr. 1, 28359 Bremen. Alle Rechte beim Verlag und bei den jeweiligen Lizenzgebern.

Die

Grundsätze

der

Wahrscheinlichkeits - Rechnung

und ihre

Anwendungen

von

Albert Wild,
Doctor der Staatswirthschaft.

—————

München, 1862.

E. A. Fleischmann's Buchhandlung.

August Rohsold.

Vorrede.

———

Die Wahrscheinlichkeits-Rechnung verdankt ihre Entstehung dem Spiele. Dabei blieb es aber nicht lange; tiefdenkende Männer erblickten darin bald eine Quelle vielseitiger und fruchtbarer Anwendungen und hoben sie auf eine Stufe der Ausbildung und Vollkommenheit, dass sie selbst in die Theile des menschlichen Wissens eingreift, welche am weitesten vorgeschritten sind. Ihre Wichtigkeit scheint aber nur von Wenigen erkannt und gewürdigt zu werden. Diese Wenigen, denen wir die grössten Fortschritte in den exacten Wissenschaften verdanken, stehen theilweise ganz isolirt, trotz der schönen Anwendungen, welche sie davon gemacht haben.

An mancherlei Schriften, worin dieser Gegenstand behandelt wird, fehlt es zwar nicht; sehen wir aber im

*

Ganzen und Einzelnen auf den Erfolg, so ist in Ansehung der Verbreitung und Einbürgerung das Resultat
so gering, dass selbst Mathematiker vom Fach ihr fremd
und gleichgiltig geblieben sind, und nicht selten eine
sehr ungünstige Meinung davon hegen.

Die Literatur mag wohl auch Mitursache an dieser
Theilnahmlosigkeit sein. Einerseits haben manche Schriftsteller die natürlichen Grenzen überschritten und Anwendungen gemacht, die den gesunden Menschenverstand
hart auf die Probe stellen und das Ganze in schroffen
Misscredit brachten (vergleiche das Urtheil von *Moigno*
über *Laplace* Seite 65); andrerseits haben wieder Andere
zu wenig Rücksicht auf ihre Vorgänger genommen, will-
kührliche Bezeichnungen gewählt und dadurch formelle
Hindernisse geschaffen. Diese Vernachlässigung einer
leicht verständlichen Zeichensprache ist heute noch so
gut von Bedeutung als zur Zeit des *Vieta.*

Wer daher nicht das Feld der richtigen Anwendung
betritt, der wird wohl noch lange nicht die hohe Bedeutung der Wahrscheinlichkeits-Rechnung erfassen, sondern vielmehr Tändelei und müssigen Zeitvertreib darin
erblicken. Und doch gibt es nur wenige, denen die
Kenntniss derselben nicht nützlich, und viele, denen sie

unerlässlich ist. Viele Fragen und Anliegen der Zeit werden nur durch ihre Vermittelung erledigt.

Ihre Kenntniss in der Volks- und Staatswirthschaft ist unerlässlich, denn sie bildet die Grundlage für denjenigen Theil, welcher die Politische Rechnungs-Wissenschaft (Politische Arithmetik) bildet.

Ihre Anwendung erstreckt sich insbesondere auf die öffentlichen Glücksspiele, das Lotto, die Lotterie, die Wette, die Lotterie-Anlehen, auf viele Aufgaben der Statistik über Sterblichkeits- und Bevölkerungs-Verhältnisse, auf die Bestimmung der menschlichen Lebensdauer, auf die Berechnungen, wie sie bei Leibrenten-, Lebensversicherungs- und Renten-Anstalten vorkommen, auf Wittwen-, Waisen-, Pensions- und andere Versorgungs-Anstalten, auf Assecuranzen etc. etc.

Diese Andeutungen allein schon genügen, auf die hohe Bedeutung der Wahrscheinlichkeits-Rechnung aufmerksam zu machen. Um dieser Wichtigkeit willen wurde keine Mühe gescheut, von der vorhandenen Literatur Kenntniss zu nehmen mit besonderer Rücksicht auf den Leser, den Gegenstand in gewissenhaften Grenzen zu behandeln, und wo möglich allgemein verständlich und praktisch brauchbar zu machen. Der freundliche Leser, der die Schwierigkeit begreift, den Ansprüchen Aller von so verschiedener Bildung gerecht zu werden, wird mit Nachsicht urtheilen und das redliche Streben des Verfassers nicht verkennen.

München, im October 1861.

Dr. Albert Wild.

Inhaltsverzeichniss.

I. Abschnitt.

Combinationslehre.

II. Abschnitt.

Die Wahrscheinlichkeit aus Gründen oder a priori.

1. Abtheilung.

Die absolute und relative, einfache und zusammengesetzte Wahrscheinlichkeit.

2. Abtheilung.

Die Gesetze der Wahrscheinlichkeit bei Wiederholung der Ereignisse.

3. Abtheilung.

Der käufliche Werth der mathematischen Wahrscheinlichkeit.

III. Abschnitt.

Die Wahrscheinlichkeit aus Beobachtung oder a posteriori.

Anhang

Literatur.

ABHANDLUNGEN der math.-physik. Classe der kgl. bayer. Akademie der Wissenschaften. II. Bd. Jahrg. 1837.

ALVENSLEBEN, Encyclopädie der Spiele. Leipzig 1853.

BAYES, *Phil. Transact.* 1763.

BERNOULLI, D., *Specimen theoriae novae de mensura sortis.* Com. Acad. Petrop. 1750.

BERNOULLI, J., *Ars conjectandi* etc. Basel 1713.
Essay d'Analyse sur les jeux de hasard. Paris 1713.

BIQUILLEY, Rechnung des Wahrscheinlichen. Uebersetzt von Rüdiger. Leipzig 1788.

BUFFON, *Essais d'arithmétique morale.*

CONDORCET, *Essai sur l'application de l'analyse à la probabilité des événements.*

COURNOT, *Exposition de la théorie des chances et des probabilités.*

D'ALEMBERT, *Opuscules mathematiques.*

DIENGER in Grunert's Archiv für Mathematik und Physik. Bd. XVIII. 2. Heft.

ENKE, Berliner astronomisches Jahrbuch 1834 — 36.

FISCHER, PH., Lehrbuch der höheren Geodäsie. Darmstadt 1845.

FRIES, J. F., Versuch einer Kritik der Principien der Wahrscheinlichkeits-Rechnung. Braunschweig 1841.

GAUSS, *Theoria motus corporum coelestium*. Hamburg 1809.

— *Disquisitio de elementis ellipticis Palladis.* Ebend. 1811.

— *Theoria combinationis observationum erroribus minimis obnoxiae.* Goetting. 1823.

— *Supplementum theoriae combinat.* Ebend. 1828.

GERLING, Die Ausgleichungsrechnung der practischen Geometrie oder die Methode der kleinsten Quadrate. Hamburg 1843.

HAGEN, G., Grundzüge der Wahrscheinlichkeit. Berlin 1837.

HUYGENS, *De ratiociniis in ludo aleae.* 1658.

KUNZEK, Studien der höheren Physik. Wien 1856.

LACROIX, *Traité élémentaire du calcul des probabilités.* Paris 1816. Deutsch von UNGER. Erfurt 1818.

LAPLACE, *Théorie analytique des probabilités.* Paris 1810—20.

— *Essai philosophique sur les probabilités.* Paris 1816. Deutsch von TÖNNIES. Heidelberg 1819.

MOIGNO, in *Encyclopédie du dix-neuvième siècle.* Artic. „Probabilités."

MOIVRE, A. de, *The doctrine of Chances, or, a method of calculat. the probab. events in Play.* London 1738.

MONMORT, *Essai d'analyse sur les jeux de hasard.* Paris 1713.

ÖTTINGER, DR. L., Die Wahrscheinlichkeits-Rechnung. Berlin 1852.

PARISOT, *Traité de calcul conjectural.* Paris 1810.

PASCAL, *Oeuvres*, à la Haye 1779.

POINSOT, in *Encyclopédie du dix-neuvième siècle* Artic. „Probabilités."

POISSON, *Récherches sur les probabilités des jugemens en matière criminelle, et en matière civile, precedèes des règles générales du calcul des probabilités.* Paris 1837. Deutsch von DR. SCHNUSE. Braunschweig 1843.

QUÉTELET, *Instructions populaires sur le calcul des probabilités.*

—   *Sur l'homme et le développement de ses facultés, ou Essai de physique sociale.* Paris 1834.

—   *Lettres à S. A. R. le duc régnant de Saxe-Coburg et Gotha, sur la théorie des probabilités appliquées aux sciences morales et politiques.* Bruxelles 1845.

RITTER, *E., Manuel théor. et prat. de l'application de la méthode des moindres carrés.* Paris 1858.

VERDAM, G. J., *Verhandeling over de methode d. kleinste Quadraten.* Groningen 1850.

Grundsätze der Wahrscheinlichkeitsrechnung.

§. 1.

Einleitung.

Alle Tage wird der einzelne Mensch Erscheinungen und Ereignisse gewahr, die ihn nicht selten überraschen, oft gar sein Wohl und Weh betreffen, ohne dass er wusste, ihnen aus dem Wege zu gehen. Zwar bemühten sich hervorragende grosse Denker, Blicke in das Walten der Natur zu thun und ihr Schaffen zu belauschen; so bewunderungswürdig aber auch ihre Entdeckungen waren, die erforschten Naturgesetze sind im Verhältnisse zum Ganzen noch so wenige, dass wir gerade in dem, was das Menschengeschlecht in seiner Totalität angeht, noch ziemlich unwissend sind. Wir kennen den Kreislauf der Gestirne, den Wechsel von Tag und Nacht, die Fallgeschwindigkeit, die Geschwindigkeit des Lichts u. dgl.; wir wissen, Menschen werden und vergehen, aber wir kennen nicht einmal alle Ursachen, geschweige die Gesetze der organischen Fortpflanzung des Menschengeschlechts.

Der Gedankenlose lässt gerne Alles dem Zufall anheimfallen, während der sorgfältige Beobachter festhält an seinem „Nichts ohne Ursache." Indem sich die Ereignisse fort und fort wiederholen, aber gleichwohl die erzeugenden Ursachen der offenbar gewordenen Erscheinungen unerkannt bleiben, behilft man sich mit Ausdrücken, wie gewiss, wahrscheinlich, zweifelhaft, unwahrscheinlich, unmöglich. So heisst nach dem Sprachgebrauch ein Ereigniss gewiss, wenn sich kein Grund für das Nichteintreffen angeben lässt, wahrscheinlich, wenn mehr Gründe dafür als dagegen sprechen, zweifelhaft, wenn gleichviel Gründe dafür als dagegen sind u. s. w.

Um die Mitte des 17. Jahrhunderts *) machten die Mathematiker zum ersten Mal den Versuch, diese Sprache mathematisch zu analysiren, an die Stelle des Zufalls die wirkende Ursache zu setzen, und auf diese Weise wissenschaftlich zu begründen, was heut zu Tage in dem Ausdrucke „Wahrscheinlichkeitsrechnung" zusammengefasst wird.

§. 2.
Definition der mathematischen Wahrscheinlichkeit.

Um uns auf den Standpunkt des Mathematikers zu versetzen, nehmen wir vorläufig an, für jedes Ereigniss gebe es eine bestimmte, begränzte Anzahl Fälle, unter denen das bezeichnete Ereigniss enthalten, d. h. wenigstens einmal mit erscheinen muss. Ist dabei die Möglichkeit gegeben, dass ein Ereigniss innerhalb eines begränzten Cyklus mehrmals eintreffen kann, so hat das Ereigniss eine gewisse Anzahl günstiger Fälle für sich, und die übrigen als ungünstig gegen sich. Das Verhältniss nun der günstigen Fälle zu allen möglichen heisst

„mathematische Wahrscheinlichkeit."

Bezeichnet man mit

m alle günstigen, mit

n alle ungünstigen

Fälle, so ist

$$(m+n)$$

die Summe aller möglichen Fälle, und nach der so eben ausgesprochenen Definition

$$\frac{m}{m+n}$$

das numerische Maass der mathematischen Wahrscheinlichkeit, dass ein bezeichnetes Ereigniss eintreffen werde.

---

*) Im Jahre 1654 kam eines Tages Chevalier **de Méré** zu dem Mathematiker **Pascal** und legte ihm zwei Fragen in Betreff des Würfelspieles vor, was ihm Veranlassung gab, besondere Studien darüber anzustellen, und zugleich seinen Freund **Fermat** dazu aufzufordern, welcher dem Winke bereitwillig folgte.

Heissen wir die Wahrscheinlichkeit, dass das Ereigniss nicht eintreffen werde,

"entgegengesetzte Wahrscheinlichkeit,"

so ist sie numerisch ausgedrückt durch

$$\frac{n}{m+n}.$$

Wie sogleich ersichtlich, ist $m < m+n$ und folgerichtig $\frac{m}{m+n}$ ein ächter Bruch. Dieser Bruch wird der Einheit gleich, wenn $n =$ Null ist, d. h.: wenn alle Fälle dem Ereignisse günstig sind und das Ereigniss selbst zur Gewissheit wird.

"Die Einheit ist daher das Symbol der Gewissheit."

Weil jedes Ereigniss entweder eintrifft oder nicht eintrifft, so muss die Summe aus der Wahrscheinlichkeit beider Fälle Gewissheit geben, wie es auch der Fall ist. Diese Summe ist nämlich

$$\frac{m}{m+n} + \frac{n}{m+n} = \frac{m+n}{m+n} = 1.$$

Bezeichnen wir ein- für allemal durch

p die Wahrscheinlichkeit des Eintreffens,

q die Wahrscheinlichkeit des Nichteintreffens,

so haben wir die Gleichung

$$p+q=1,$$

woraus unmittelbar folgt

$$p=1-q \text{ und } p=1-q$$

und dieses will sagen, dass wir nach Belieben die Wahrscheinlichkeit durch ihre entgegengesetzte ausdrücken können.

Um diese Begriffe an einem Beispiele zu fixiren, nehmen wir an, Jemand will aus einem Kartenspiele von 32 Blättern auf den ersten Griff Herz-Ass ziehen. Welches ist die Wahrscheinlichkeit, dass dieses eintreffe?

Hier ist offenbar von 32 Fällen nur 1 Fall günstig und die verlangte Wahrscheinlichkeit $= \frac{1}{32}$;

die entgegengesetzte Wahrscheinlichkeit $= \frac{31}{32}$; und $\frac{1}{32} = 1 - \frac{31}{32}$.

Macht Jemand mit zwei gewöhnlichen Würfeln A und B einen Wurf, so sind folgende 36 Fälle möglich:

A.	B.	A.	B.	A.	B.	A.	B.	A.	B.	A.	B.
1	1	2	1	3	1	4	1	5	1	6	1
1	2	2	2	3	2	4	2	5	2	6	2
1	3	2	3	3	3	4	3	5	3	6	3
1	4	2	4	3	4	4	4	5	4	6	4
1	5	2	5	3	5	4	5	5	5	6	5
1	6	2	6	3	6	4	6	5	6	6	6

Dazu setzen wir folgende 3 Fragen:

Welches ist die Wahrscheinlichkeit,

1) 4 mit Würfel A, 1 mit B zu werfen;
2) überhaupt 4 und 1 zu werfen;
3) 5 Augen zu werfen?

Für die erste Frage zeigt die Tabelle nur 1 günstigen Fall; daher die verlangte Wahrscheinlichkeit

$$p = \frac{1}{36};$$

bei der zweiten Frage gibt es 2 günstige Fälle, weil es einerlei ist, ob A mit 4 und B mit 1, oder A mit 1 und B mit 4 auffällt; daher die gesuchte Wahrscheinlichkeit

$$p = \frac{2}{36} = \frac{1}{18};$$

bei der dritten Frage endlich ist zu berücksichtigen, dass sich 5 aus

1 und 4 oder aus 2 und 3

zusammensetzen kann. Beide Fälle geben zusammen 4 günstige Fälle; die gesuchte Wahrscheinlichkeit ist daher

$$p = \frac{4}{36} = \frac{1}{9}.$$

§. 3.

Eintheilung der Wahrscheinlichkeitsrechnung.

So einfach der Begriff der Wahrscheinlichkeit an sich ist, so schwierig und complicirt sind viele Probleme der Wahrscheinlichkeitsrechnung. Schon jetzt müssen wir aufmerksam machen, dass es nicht immer möglich ist, alle einem Ereignisse günstigen und ungünstigen Fälle aufzuzählen, dass wir im Gegentheil aus der Beobachtung einer gewissen Anzahl günstiger Fälle auf die Gesammt-Anzahl, also von den sichtbaren Wirkungen auf die unbekannte Ursache zurückschliessen müssen.

Die Wahrscheinlichkeitsrechnung theilt sich naturgemäss in zwei Abschnitte; im ersten Abschnitt behandeln wir Probleme, deren Wahrscheinlichkeit sich aus Gründen oder a priori angeben lässt; im zweiten hingegen jene, deren Wahrscheinlichkeit sich aus der Beobachtung oder a posteriori ermitteln lässt.

Ehe wir aber zu diesen Problemen selbst übergehen, ist es unumgänglich nothwendig, uns mit jenen Hilfsmitteln zu versehen, welche uns in den Stand setzen werden, gar manche Schwierigkeit zu beseitigen. Diese Hilfsmittel bietet die Combinationslehre, von der wir zunächst handeln werden.

I. Abschnitt.

Combinationslehre.

§. 4.

Die Combinationen.

Was auch die Dinge, welche unter einander Verbindungen eingehen sollen, sein mögen, wir wollen sie „Elemente" heissen und mit

$$a, b, c \ldots k, l$$

bezeichnen, und durch

$$m \text{ ihre Anzahl}$$

ausdrücken. Verbinden sie sich

$$2 \text{ zu } 2; 3 \text{ zu } 3 \ldots, \text{ oder } n \text{ zu } n,$$

so sollen ihre Verbindungen Combinationen zu 2; zu 3....,

zu n heissen, und durch folgende einfache symbolische Bezeichnung dargestellt werden:

$$mC_2 = \text{Anzahl der Combinationen zu } 2$$
$$mC_3 = \quad \text{„} \qquad \text{„} \qquad \text{„} \qquad \text{„ } 3$$
$$mC_4 = \quad \text{„} \qquad \text{„} \qquad \text{„} \qquad \text{„ } 4$$
$$\vdots$$
$$mC_n = \quad \text{„} \qquad \text{„} \qquad \text{„} \qquad \text{„ } n$$

Nun wollen wir successive den Ausdruck entwickeln, der angibt, wie oft sich m Elemente 2 zu 2; 3 zu 3.... n zu n verbinden können.

Das Element a verbindet sich mit jedem der übrigen $(m-1)$ Elemente, desgleichen b mit den übrigen $(m-1)$ Elementen, und alle übrigen ebenfalls. Die Anzahl aller Combinationen zu 2 beträgt daher offenbar

$$m \times (m-1).$$

Betrachtet man indess diese Verbindungen genauer, so kommt jede Verbindung 2mal vor, wie ab, ba; bc, cb etc., wofern nicht ab und ba individuell verschieden betrachtet werden müssen. Solange wir das Wort Combination ohne Beisatz gebrauchen, soll ausdrücklich verstanden werden, dass ab und ba; bc und cb etc. identische Verbindungen sind. Aus dieser Bemerkung geht hervor, dass das Product

$$m \times (m-1)$$

noch mit 2 dividirt werden muss, um die Anzahl der individuell verschiedenen Combinationen zu 2 zu erhalten. Diese Anzahl ist demnach ausgedrückt durch:

$$mC_2 = \frac{m(m-1)}{1.2}.$$

Um den entsprechenden Ausdruck für mC_3 zu erhalten, betrachten wir die $\dfrac{m(m-1)}{1.2}$ Combinationen zu 2 selbst als Elemente. Jedes dieser Elemente wie ab, ac, bc.... geht mit den übrigen $(m-2)$ ursprünglich gegebenen Elementen eine Verbindung ein; ihre Anzahl beträgt daher

$$\frac{m(m-1)}{1.2} \times (m-2).$$

Unter diesen Verbindungen kommt aber jede 3mal vor.

Denn die 3 ersteren ab, ac, bc verbinden sich zunächst mit c, b, a und bilden

$$abc, \quad acb, \quad bca,$$

welche als identisch betrachtet werden müssen. Wie diese Verbindung kommt jede andere 3 mal vor; ihre wahre Anzahl ist daher um das 3 fache geringer als voriges Product anzeigt und folgerichtig ausgedrückt durch

$$mC_3 = \frac{m(m-1)(m-2)}{1.2.3}.$$

Durch fortgesetzte Betrachtung gelangen wir vermöge eines Inductionsschlusses zu der ganz allgemeinen Formel

(1) $\qquad mC_n = \dfrac{m(m-1)(m-2)\ldots(m-n+1)^*)}{1.2.3\ldots n}$

als numerischer Ausdruck der Anzahl aller Combinationen zu n aus m gegebenen Elementen. Setzen wir $(m+n)$ statt m Elemente voraus, so geht Formel **(1)** über in

(2) $(m+n)C_n = \dfrac{(m+n)(m+n-1)\ldots(m+2)(m+1)}{1.2\ldots(n-1)n}.$

Von diesen Formeln wollen wir sogleich Gebrauch machen.

Beispiele. Zwei Spieler A und B spielen mit einer Karte von 32 Blättern; jeder Spieler erhält jedesmal 6 Blätter. Es ist die Frage:

    1) Wie viel verschiedene Spiele kann A erhalten;

    2) wie viel verschiedene Spiele lassen sich unter
        A und B austheilen oder ausgeben?

Der Spieler A kann so viele Spiele erhalten, als sich 32 Blätter zu 6 combiniren lassen; diese Anzahl beträgt nach **(1)**, indem wir $m=32$, $n=6$ setzen,

$$32C_6 = \frac{32.31.30.29.28.27}{1.\ 2.\ 3.\ 4.\ 5.\ 6} = 906192.$$

Während aber A 6 Blätter in der Hand hält, kann B so viele Spiele erhalten, als sich die übrigen 26 Blätter zu 6 combiniren lassen, welche Anzahl gleich ist

$$\frac{26.25.24.23.22.21}{1.\ 2.\ 3.\ 4.\ 5.\ 6} = 230230.$$

---

*) $[m-(n-1)]$.

A kann also jedes Spiel 230230 mal in der Hand haben, während B jedesmal ein anderes Spiel erhalten kann; A kann aber 906192 verschiedene Spiele erhalten, folglich können

$$906192 \times 230230 = 208632584160$$

verschiedene Spiele ausgegeben werden, während A oder B nur 906192 verschiedene Spiele erhalten kann.

3) Wie viel verschiedene Spiele kann A im Tarokspiele erhalten?

Antwort. 600805296.

§. 5.
Die Variationen.

Liegt es in der Natur der Sache, dass Verbindungen wie ab, ba, abc, bac u. s. w. individuell verschieden betrachtet werden müssen, so ist, wie aus dem vorhergehenden §. deutlich hervorgeht, in den vorigen Formeln der Nenner wegzulassen, um die Anzahl der Verbindungen in diesem Falle zu erhalten. Solche Verbindungen, in denen auch die Ordnung der Elemente berücksichtigt werden muss, wollen wir, wie dies auch anderwärts geschieht, Variationen heissen und durch folgende Bezeichnung darstellen:

(3) $\qquad m \mathrm{V} n = m (m-1) (m-2) \ldots (m-n+1).$

Oder auch wenn die Anzahl der Elemente $m+n$ anstatt m ist

(4) $\qquad (m+n) \mathrm{V} n = (m+n) (m+n-1) \ldots (m+1).$

Beispiele. 1) Wie viel 4ziffrige Zahlen lassen sich aus den einfachen Zahlen von 1 bis 9 incl. bilden?

Es werden sich so viele Zahlen bilden lassen, als sich diese 9 Zahlen 4 zu 4 mit Rangordnung (Platzveränderung) verbinden lassen. Diese Anzahl ist ausgedrückt durch

$$9 \mathrm{V} 4 = 9.8.7.6 = 3224.$$

2) Wie viele Wörter lassen sich aus 12 Buchstaben bilden, wenn jedes Wort aus 5 Buchstaben besteht, vorausgesetzt, dass darauf nicht Rücksicht genommen

wird, ob sie mit dem Sprachgebrauch übereinstimmen, oder nicht?

Diese Anzahl ist ausgedrückt durch

$$_{12}V_5 = 12.11.10.9.8 = 95040.$$

3) Jemand besitzt 5 Anzüge, jeden Anzug von einer anderen Farbe, den einzelnen Anzug (Rock, Gilet, Beinkleid) gleichfarbig, so dass er sich 5 mal in verschiedene Farben, jedesmal einfarbig kleiden kann. Wie oft kann er sich 3 farbig kleiden?

Er wird sich so oft 3 farbig kleiden können, als 5 Farben sich 3 zu 3 mit Rangordnung verbinden lassen.

Diese Anzahl ist ausgedrückt durch

$$_5V_3 = 5.4.3 = 60 \text{ mal.}$$

4) Wie viele Anzüge, jeden Anzug von einer andern Farbe, müsste er haben, um an jedem Tag des Jahres auf eine andere Weise 3 farbig ausgehen zu können?

Bezeichnen wir die unbekannte Anzahl der Anzüge mit x, so haben wir folgende Gleichung aufzulösen:

$$x\,V_3 = x(x-1)(x-2) = 365$$

oder $$x^3 - 3x^2 + 2x = 365$$

der Werth für x liegt zwischen 8 und 9.

§. 6.
Die Permutationen.

Aus der Vergleichung der Formeln (1) und (3) oder (2) und (4) der letzten zwei §§. ergibt sich, dass der Nenner in der Formel (1) und (2) nämlich das Product

$$1.2.3\ldots n$$

nichts anderes bedeutet, als die Anzahl, wie oft in einer aus n Elementen bestehenden Gruppe diese n Elemente unter einander den Platz tauschen können.

Eine solche Vertauschung heissen wir Permutation, und wählen zur symbolischen Bezeichnung den Buchstaben P.

Die Anzahl aller Permutationen einer aus n Elementen bestehenden Gruppe ist demnach dargestellt durch

(5) $$Pn = 1.2.3\ldots n.$$

Ist z. B. die Frage, wie oft 4 Freunde Platz tauschen können, so sagt vorstehende Formel, indem $n=4$ zu setzen ist
$$P_4 = 1.2.3.4 = 24 \text{mal}.$$

Nehmen wir in der Formel (3)
$$m V n = m (m-1) (m-2) \ldots (m-n+1)$$
$$m = n$$
so geht sie über in
$$n V n = n (n-1) (n-2) \ldots 1.$$

Durch Vergleichung der Formel (5) folgt sogleich
(6) $$\qquad P n = n V n$$
d. h. der Ausdruck für die Permutation ist ein spezieller Fall der Variation.

§. 7.

Erweiterung der früheren Sätze.

Wir haben die Formel aufgestellt (2)
$$(m+n) C n = \frac{(m+n)(m+n-1)\ldots(m+1)}{1.2 \ldots n};$$
daran knüpft sich eine bemerkenswerthe Formel, wenn wir Zähler und Nenner mit dem Producte
$$P m = 1.2.3 \ldots m$$
multipliziren, was immer erlaubt ist, weil dadurch der Werth des Bruches nicht geändert wird. Dadurch erhalten wir
$$(m+n) C n = \frac{(m+n)(m+n-1)\ldots(m+1) m (m-1)\ldots 3.2.1}{1.2.3 \ldots n . 1.2.3 \ldots m}.$$
Die rechte Seite bleibt vollends ungeändert, wenn wir m und n gegenseitig vertauschen, woraus wir folgerichtig schliessen, dass auch die linke Seite in ihrem Werthe ungeändert bleiben muss, wenn wir n und m vertauschen.

Indem wir dieses ausführen, gelangen wir zu der Formel
(7) $$\qquad (m+n) C n = (n+m) C m.$$
Der Sinn dieser Formel in Worten ausgesprochen ist:

„Es ist einerlei, ob $(m+n)$ Elemente n zu n, oder m zu m combinirt werden."

Nehmen wir beispielsweise $m=7$ und $n=5$, so haben wir einerseits

$$_{12}C_5 = \frac{12.11.10.9.8}{1.\ 2.\ 3.4.5} = 11.9,8$$

andererseits

$$_{12}C_7 = \frac{12.11.10.9.8.7.6}{1.\ 2.\ 3.4.5.6.7} = 11.9.8$$

was mit Formel **(7)** übereinstimmt.

Ein besonderer Fall von **(7)** ist der, wenn $n =$ Null genommen wird, wodurch Formel **(7)** übergeht in

(8) $\qquad _m C_0 = {}_m C_m = 1$*),

was desshalb zu bemerken ist, weil $_m C_0$ aussieht, wie ein Paradoxon.

§. 8.

Anwendungen.

Um die früheren Formeln auf complizirtere Fälle anwenden zu können, stellen wir uns folgendes allgemeine Problem in Beziehung auf Combinationen.

Von m Elementen, welche sich n zu n combiniren, sind m' Elemente besonders bezeichnet; es wird nun gefragt: Wie viele gibt es unter allen möglichen Combinationen zu n, welche n' Elemente von jenen m' bezeichneten enthalten?

Um diese Frage zu beantworten, ist zu berücksichtigen:

die m' Elemente bilden unter sich Combinationen zu n'; ihre Anzahl ist ausgedrückt durch

$$m'C n'.$$

Jede dieser Combinationen wird so oft vorkommen, als die übrigen $(m-m')$ Elemente unter sich Combinationen zu $(n-n')$ eingehen; letztere Anzahl beträgt:

$$(m-m')\,C\,(n-n').$$

Das Product aus beiden Ausdrücken gibt die verlangte Anzahl

(9) $\qquad X = m'Cn' \times [(m-m')\,C\,(n-n')].$

---

*) Denn $\qquad m\,C\,m = \dfrac{m\,(m-1)\ldots.\,(m-m+1)}{1.2.3\ldots m}$

$$= \frac{m\,(m-1)\,(m-2)\ldots 2.1}{1.2.3\ldots m} = 1.$$

Beispiel. Wenn A und B mit einer Karte aus 32 Blättern spielen, und jeder Spieler 6 Blätter erhält, so kann A überhaupt nur 906192 verschiedene Spiele erhalten. Wie viele Spiele werden darunter sein, in denen er

1) 6 Blätter Herz,

2) 2 Blätter Herz,

3) gar kein Blatt Herz erhalten hat?

Für die erste Frage haben wir

$$m=32, n=6; m'=8, n'=6$$

zu setzen, wodurch

$$m-m'=26; n-n'=0$$

und die verlangte Anzahl

$$X = {}_8C_6\,[{}_{26}C_0] = \frac{8.7.6.5.4.3}{1.2.3.4.5.6} = 28$$

wird, weil nach **(8)** §. 7

$${}_{26}C_0 = 1 \text{ ist.}$$

Für die zweite Frage wird

$$m=32, n=6; m'=8 \text{ und } n'=2$$

daher

$$X = {}_8C_2\,[{}_{26}C_4] = \frac{8.7}{1.2}.\frac{26.25.24.23}{1.\ 2.\ 3.\ 4}$$

$$= 28.26.25.23 = 418600.$$

Für die dritte Frage ist

$$m=32, n=6; m'=8 \text{ und } n'=0$$

daher

$$X = {}_8C_0\,[{}_{26}C_6] = \frac{26.25.24.23.22.21}{1.\ 2.\ 3.\ 4.\ 5.\ 6} = 230230$$

weil wieder ${}_8C_0 = 1$ ist.

§. 9.
Anwendung der Variationen.

Von m Elementen, welche Variationen (Combinationen mit Permutation) zu n eingehen, sind m' Elemente besonders bezeichnet. Wie viele von allen möglichen Variationen gibt es, welche mit n' von den m' Elementen anfangen oder in denen n' Elemente die erste Stelle einnehmen?

Indem immer n' Elemente den Anfang machen, gehen die m' Elemente k e i n e Verbindung mit den übrigen $(m-m')$ Elementen ein, sondern bilden unter sich Variationen zu n', deren Anzahl ausgedrückt ist durch

$$m'\,\mathrm{V}\,n'.$$

Jede dieser Variationen kann so oft zu Anfang stehen, als die $(m-m')$ Elemente unter sich Variationen zu $(n-n')$ eingehen können; letztere Anzahl für sich beträgt:

$$(m-m')\,\mathrm{V}\,(n-n');$$

das Product aus beiden Ausdrücken ist die verlangte Anzahl $=y$

(10) $\qquad y=m'\,\mathrm{V}\,n'\times[(m-m')\,\mathrm{V}\,(n-n')].$

Beispiele. Aus 7 Buchstaben, worunter auch a, b, c sind, lassen sich 840 Wörter bilden, deren jedes aus 4 Buchstaben besteht. Wie viele Wörter beginnen

   1) mit Einem;

   2) mit zweien von den 3 Buchstaben a, b, c?

Für den e r s t e n Fall erhalten wir die Antwort aus **(10)**, wenn wir

$$m'=3,\, n'=1;\; m=7,\, n=4$$

setzen; damit wird aus Formel **(10)**

$$y = 3\,\mathrm{V}\,1 \times [4\,\mathrm{V}\,3]$$
$$= 3\times 4.3.2 = 72.$$

Für den z w e i t e n Fall bleibt bis auf

$$n'=2$$

sonst Alles ungeändert und wir haben

$$y = 3\,\mathrm{V}\,2 \times [4\,\mathrm{V}\,2]$$
$$= 3.2.4.3 = 72.$$

§. 10.
Fortsetzung.

Von m Elementen, welche Variationen zu n eingehen, sind m' besonders bezeichnet. Wie viele von allen möglichen Variationen zu n gibt es, in denen n' Elemente von den m' bezeichneten sich n e b e n e i n a n d e r befinden?

Wie wir gerade gesehen haben, gibt es

$$y = m' \mathbf{V} n' \times [(m - m') \mathbf{V} (n - n')]$$

Variationen, in denen immer n' Elemente den Anfang machen. Betrachten wir einen Augenblick eine aus n' Elementen bestehende Partialgruppe selbst als einfaches Element, so kann diese als Element betrachtete Gruppe in jeder der y Variationen successive um 1 Stelle weiter rücken, bis sie die letzte Stelle einnimmt. Die Anzahl dieser Stellen ist aber

$$= n - n'.$$

Demnach kann jedes von y Elementen $(n - n')$mal rücken, so dass die Anzahl der durch Verrückung entstandenen Variationen

$$(n - n') \times y$$

beträgt. Nehmen wir dazu die Anzahl der Variationen, in denen je n' Elemente den Anfang machen, so haben wir die ganze Summe jener Variationen, worin sich je n' Elemente nebeneinander befinden, ausgedrückt durch z

(11) $\qquad z = y + (n - n')y = y(1 + n' - n')$;

oder wenn wir statt y seine symbolische Bezeichnung wählen

(12) $\quad z = m' \mathbf{V} n' \times [(m - m') \mathbf{V} (n - n')] \times (1 + n - n')$.

Beispiele. 1) Von 4 Buchstaben, worunter auch a und b, nimmt man je 3 Buchstaben zu einem Worte. Wie viele Wörter enthalten

1) a und

2) a und b nebeneinander?

Antw. 1) $\qquad z = 1 \mathbf{V} 1 \times [3 \mathbf{V} 2] \times (1 + 2)$
$\qquad\qquad z = 3 . 2 . 3 = 18.$

Antw. 2) $\qquad z = 2 \mathbf{V} 2 \times [2 \mathbf{V} 1] \times (1 + 1)$
$\qquad\qquad z = 2 . 1 . 1 . 2 = 4.$

2') Wie viele von allen 5ziffrigen Zahlen, welche sich aus den einfachen Zahlen 1 bis 9 incl. bilden lassen, enthalten die Ziffer 1, 3 und 5 nebeneinander?

Antw. 540 Zahlen.

§. 11.

Fortsetzung.

Von m Elementen, welche Variationen zu n eingehen, werden wieder m' besonders bezeichnet. Wie viele von allen möglichen Variationen zu n enthalten überhaupt (d. h. jedem Element ist jede Stelle ohne Rücksicht auf seine Nachbarn eingeräumt) n' Elemente von den m' besonders bezeichneten?

Eine einfache Betrachtung zeigt, dass wir die verlangte Anzahl erhalten, wenn wir nach §. 8. die Anzahl jener Combinationen zu n aufsuchen, welche n' von m' Elementen enthalten, und in dem gefundenen Ausdruck die einzelnen Elemente noch Platz tauschen (permutiren) lassen. Die Anzahl dieser Combinationen zu n ist nach §. 9. Formel (10) ausgedrückt durch

$$X = m' C n' \times [(m-m') C (n-n')].$$

Weil sich aber jede dieser Combinationen, da sie aus n Elementen besteht,

$$1.2.3 \ldots n \text{ mal}$$

permutiren lässt, so haben wir nichts weiter zu thun als X mit diesem Producte zu multipliziren. Die Anzahl der Variationen, worin sich n' von m' Elementen befinden, ist demnach dargestellt durch

(13) $$u = X . 1.2.3 \ldots n;$$

oder wenn wir die symbolische Bezeichnung wählen, durch

(14) $$u = m' C n' \times [(m-m') C (n-n')] . P n.$$

Beispiel. Aus 6 Buchstaben, worunter auch a und b, werden alle möglichen Wörter, jedes Wort aus 4 Buchstaben gebildet. Wie viele Wörter enthalten a und b zugleich?

Setzen wir in der Formel (14)

$$m=6, \ n=4; \ m'=2, \ n'=2,$$

so ist

$$u = {}_2C_2 \, [{}_4C_2] . P_4$$

$$u = \frac{2.1}{1.2} . \frac{4.3}{1.2} . 1.2.3.4$$

$$u = 144.$$

§. 12.
Die Permutationen mit Wiederholung.

In den bisherigen Betrachtungen wurde an keiner Stelle erwähnt, dass es auch Fälle gibt, worin sich das einzelne Element mit sich selbst verbinden kann; es sollen nun auch diese betrachtet werden, und zwar zuerst die Permutationen mit gleichen Elementen. Wie bereits gezeigt wurde, bedeutet der Ausdruck

$$(m+n)\,\mathrm{V}\,(m+n) = \mathrm{P}(m+n) = 1.2.3.4\ldots(m+n)$$

so viele aus $(m+n)$ Elementen bestehende Gruppen, als das Product

$$1.2.3\ldots(m+n)$$

Einheiten hat, unter Voraussetzung, dass die einzelnen Elemente unter sich verschieden seien. Fällt aber diese Beschränkung hinweg, wie es dieser §. will, so erleidet diese Formel eine Modifikation, welche wir nun aufsuchen wollen. Zu diesem Ende nehmen wir vorerst $b = a$ und heben von allen möglichen Gruppen willkührlich zwei heraus, sie mögen sein

$$c\,a\,b\,d\ldots l; \quad c\,b\,a\,d\ldots\ldots l,$$

welche sich bloss durch die verschiedene Stellung von a und b unterscheiden. Lassen wir darin b in a übergehen, so sind beide Gruppen identisch; was von diesen beiden gilt, gilt auch von allen andern Gruppen. Es ist einleuchtend, dass durch die Annahme $b = a$ jede Gruppe zweimal vorkömmt, also die wahre Anzahl aller Gruppen um die Hälfte weniger beträgt, als das Product

$$\mathrm{P}(m+n) = 1.2.3\ldots(m+n)$$

anzeigt, und daher noch mit 2 dividirt werden muss. Diese Permutationen sollen zum Unterschied von den früheren nunmehr „Permutationen mit Wiederholung" heissen und symbolisch durch Verdoppelung des Buchstaben P bezeichnet werden.

In dem Falle nun, dass nur 2 Elemente gleich $(= a)$ sind, haben wir

$$\mathrm{PP}(m+n) = \frac{1.2.3\ldots(m+n)}{1.2}$$

als Ausdruck der Anzahl aller möglichen Permutationen einer Verbindung aus $(m+n)$ Elementen, worunter 2 gleich sind.

Nehmen wir 3 Elemente gleich etwa

$$c = b = a$$

so werden je 6 Gruppen identisch oder jede Gruppe kommt 6 mal d. h. gerade so oft vor, als sich 3 Elemente permutiren lassen. Die wahre Anzahl erhalten wir daher in diesem Falle, wenn wir ihre frühere Anzahl durch

$$1.2.3$$

dividiren, und ist demnach dargestellt durch

$$PP(m+n) = \frac{1.2.3....(m+n)}{1.2.3}.$$

Gehen wir analog so fort bis zu m gleichen Elementen ($=a$), so beträgt die Anzahl aller durch Permutation entstandenen Gruppen

(15) $$PP(m+n) = \frac{1.2.3.....(m+n)}{1.2.3....m}.$$

Lassen wir auch noch die übrigen n Elemente unter sich gleich ($=b$) sein, so ist die Anzahl aller aus $(m+n)$ Elementen, worunter m Elemente $=a$ und n Elemente $=b$ sind, bestehenden Gruppen ausgedrückt durch

(16) $$PP(m+n) = \frac{1.2.3.4.....(m+n)}{1.2.3....m.1.2.3...n}.$$

Wären $(m+n+p)$ Elemente gegeben, worunter m Elemente $=a$, n Elemente $=b$, p Elemente $=c$, so wäre ganz analog die Anzahl der Permutationen in diesem Falle ausgedrückt durch

(17) $$PP(m+n+p) = \frac{1.2.3.4.......(m+n+p)}{1.2.3...m.1.2.3...n.1.2.3...p}.$$

Aber auch auf noch mehr Elemente lässt sich diese Formel ausdehnen, wenn es nöthig sein sollte.

Beispiele. 1) Wie viele 5zifferige Zahlen lassen sich aus zwei bestimmten Ziffern, etwa aus 3 und 5 bilden, worin die Ziffer 3 sich 2mal und 5 sich 3mal wiederholt?

Nehmen wir $m = 2$ und $n = 3$, wodurch
$$m + n = 5 \text{ wird};$$
so ist die gesuchte Anzahl
$$= \frac{5.4.3.2.1}{1.2.1.2.3} = 10.$$

2) Wie viel gibt es 6 zifferige Zahlen, mit denen die Ziffer 4 sich 2mal, die 9 sich 3mal wiederholt, während die 5 nur 1mal in jeder Zahl vorkommt?

Hier ist
$$m = 2;\; n = 3 \text{ und } p = 1$$
$$m + n + p = 6,$$
und die verlangte Anzahl
$$= \frac{6.5.4.3.2.1}{1.2.1.2.3.1} = 60.$$

§. 13.
Die Variationen mit Wiederholung.

Lassen wir nun auch in der Formel
$$m\,V\,n$$
den besonderen Fall eintreten, dass bei der Bildung aller Variationen zu n aus m Elementen jedes Element mit sich selbst eine Verbindung eingehen könne, so zeigen wir dieses symbolisch durch
$$m\,VV\,n$$
an und mit Worten durch
„Variationen mit Wiederholung.“

Um den numerischen Ausdruck dafür zu erhalten, bezeichnen wir, wie früher, die m Elemente durch
$$a,\; b,\; c \ldots k,\; l$$
und bemerken, das Element a verbindet sich mit sich selbst und mit allen übrigen Elementen, also zusammen mit m Elementen, ebenso b und alle folgenden, so dass jedes Element m Verbindungen zu 2 darstellt. Die Totalsumme is daher
$$m\,VV\,2 = m \times m = m^2.$$

Betrachten wir die Variationen zu 2 als einfache Elemente, so verbindet sich a mit allen m^2 Elementen, ebenso b und die folgenden, so dass von m Elementen jedes für sich m^2 Verbindungen zu 3 darstellt. Die Anzahl aller Variationen zu 3 wird daher ausgedrückt sein durch

$$m\,VV_3 = m^2 \times m = m^3.$$

Und analog wird die Anzahl aller Variationen zu n mit Wiederholung dargestellt sein durch

(18) $$m\,VV_n = m^n$$

Beispiel. Wie viele 3zifferige Zahlen lassen sich aus den 9 einfachen Ziffern bilden?

Antw. $\qquad 9\,VV_3 = 9^3 = 729.$

§. 14.
Die Combinationen mit Wiederholung.

Wir haben nur noch den Fall zu betrachten, was aus der Formel

$$m\,C_n = \frac{m(m-1)\ldots(m-n+1)}{1.2\ldots n}$$

wird, wenn gestattet ist, dass jedes der m Elemente eine Verbindung mit sich selbst eingehe, wie dieses z. B. beim Würfelspiel stattfindet. Diesen Fall wollen wir zum Unterschiede von $m\,C_n$ symbolisch durch

$$m\,CC_n$$

und in Worten durch

„Combinationen mit Wiederholung"

bezeichnen und den entsprechenden numerischen Ausdruck suchen. Um zuerst den entsprechenden Werth für $m\,CC_2$ zu erhalten, ist zu bemerken, dass jetzt jedes der m Elemente eine Verbindung mehr eingeht, als früher in $m\,C_2$; es ist daher gerade so in dem Effect, wenn wir aus $(m+1)$ statt m gegebenen Elementen Combinationen zu 2 bilden, was dahinausläuft, dass wir in der für $m\,C_2$ gefundenen Formel $(m+1)$ an die Stelle von m schreiben. Führen wir dieses aus, so haben wir

$$m\,CC_2 = \frac{(m+1)\,m}{1.2}.$$

Die nämliche Bemerkung gilt für die Combinationen zu 3. Denn jedes der m gegebenen Elemente kann in $m\mathrm{CC3}$ sich 2mal öfter combiniren, als in $m\mathrm{C3}$. Dieses geht wieder dahinaus, in der für $m\mathrm{C3}$ gefundenen Formel $(m+2)$ an die Stelle von m zu schreiben, wodurch wir sogleich folgende Gleichung erhalten

$$m\mathrm{CC3} = \frac{(m+2)\,(m+1)\,m}{1.2.3}.$$

Und wenn wir auf diesem Wege so fort gehen, erhalten wir ganz allgemein

$$(19) \quad m\mathrm{CC}n = \frac{(m+n-1)\,(m+n-2)\ldots(m+1)\,m}{1.2.3\ldots n}.$$

Beispiele. 1) Jemand wirft mit zwei gewöhnlichen Würfeln. Wie viele verschiedene*) Würfe kann er machen?

Hier kommt es darauf an, 6 gegebene Elemente 2 zu 2 zu combiniren, wobei jedes Element sich mit sich selbst verbinden kann, wie 6 mit 6, 5 mit 5 etc. Nehmen wir daher

$$m = 6 \text{ und } n = 2$$

so ist die verlangte Anzahl

$$6\mathrm{CC2} = \frac{6.7}{1.2} = 21.$$

2) Wie viele verschiedene Würfe sind mit 3 Würfeln zu machen? Hier haben wir

$$m = 6 \text{ und } n = 3$$

zu setzen, wodurch wir die gesuchte Anzahl

$$6\mathrm{CC3} = \frac{6.7.8}{1.2.3} = 56$$

erhalten.

Damit wollen wir den ersten Abschnitt beschliessen und zur Bestimmung der mathematischen Wahrscheinlichkeit übergehen.

---

*) Es ist dieser Fall nicht mit den in §. 2. zusammengestellten 36 Fällen zu verwechseln; schon dort wurden 3 verschiedene Fragen gestellt, um auf den Unterschied aufmerksam zu machen, der in der richtigen Auffassung der Frage hervorzuheben ist.

II. Abschnitt.

Wahrscheinlichkeit aus Gründen, oder a priori.

1. Abtheilung.

Die absolute und relative, einfache und zusammengesetzte Wahrscheinlichkeit.

§. 15.

Die absolute Wahrscheinlichkeit.

Nehmen wir an, in einer Urne befinden sich Kugeln von verschiedener Farbe und zwar

m weisse

n schwarze

p blaue

q rothe,

so dass die Anzahl aller Kugeln

$$m + n + p + q = s$$

beträgt, so ist

$\dfrac{m}{s} =$ Wahrscheinlichkeit, eine weisse

$\dfrac{n}{s} =$,,   ,,   schwarze

$\dfrac{p}{s} =$,,   ,,   blaue

$\dfrac{q}{s} =$,,   ,,   rothe

Kugel aus der Urne zu ziehen; und zwar ist $\dfrac{m}{s}$ die Wahrscheinlichkeit, überhaupt eine weisse Kugel zu ziehen, ohne Rücksicht auf die Kugeln anderer Farbe. Aus diesem Grunde heisst $\dfrac{m}{s}$ „die absolute Wahrscheinlichkeit, eine weisse Kugel zu ziehen, zum Unterschiede der relativen Wahrscheinlichkeit, welche wir im nächsten Paragraphe betrachten werden.

Suchen wir die entgegengesetzte Wahrscheinlichkeit, also jene keine weisse Kugel zu ziehen, so ist diese Wahrscheinlichkeit ausgedrückt durch

$$\frac{n+p+q}{s},$$

oder auch durch

$$\frac{n+p+q}{s} = \frac{n}{s} + \frac{p}{s} + \frac{q}{s},$$

d. h. „die Wahrscheinlichkeit eines Ereignisses, wel-„ches mehrmals eintreffen kann, ist die *Summe* aller „einzelnen Wahrscheinlichkeiten."

Beispiele. 1) Welches ist die Wahrscheinlichkeit, mit 2 Würfeln entweder 7 oder 8 Augen zu werfen?

Hier genügt sowohl 7 als 8. Die Wahrscheinlichkeit 7 zu werfen ist nach §. 2.

$$\frac{6}{36}$$

jene von 8 ist

$$\frac{5}{36}.$$

Die verlangte Wahrscheinlichkeit ist daher

$$\frac{6}{36} + \frac{5}{36} = \frac{11}{36}.$$

2) Welches ist die Wahrscheinlichkeit, dass der Spieler A im Piquetspiel*) entweder die 4 Ass, oder eine Quart, d. h. 4 Blätter von gleicher Farbe ohne Lücke der Rangordnung erhält? Bekanntlich werden die 32 Blätter so ausgegeben unter 2 Spieler A und B, dass jeder 12 Blätter erhält, und 2 Paquete zu 5 und 3 Blätter gelegt werden.

Nun können so viele Spiele ausgegeben werden, als sich 32 Blätter permutiren lassen; dabei sind aber die Blätter jeder der 4 Gruppen unfähig, unter einander

---

*) Belehrungen über das Piquetspiel gibt **Alvensleben**, Encyclopädie der Spiele, Leipzig 1853, pag. 376—395.

zu permutiren, und es ist gerade so, als hätte man 12 Elemente a, 12 Elemente b, 5 Elemente c und 3 Elemente d. Die Anzahl aller Permutationen ist nach §. 12. ausgedrückt durch

$$\frac{1.2.3.4\ldots\ldots 32}{1.2.3\ldots 12\times 1.2.3\ldots 12\times 1.2.3.4.5\times 1.2.3}$$
$$= 1592814947068800$$

= der Anzahl aller Spiele, welche ausgegeben werden können.

Der Spieler A kann aber so oft die 4 Ass in der Hand haben, als sich die übrigen 28 Blätter in der Art ausgeben lassen, dass A 8 Blätter, B 12, und die 2 Paquete 5 und 3 Blätter erhalten. Diese Anzahl beträgt

$$\frac{1.2.3.4\ldots 28}{1.2.3\ldots 8\times 1.2.3\ldots 12\times 1.2.3.4.5\times 1.2.3}$$

Die Wahrscheinlichkeit, die 4 Ass zu erhalten, ist das Verhältniss aus beiden Ausdrücken, nämlich

$$\frac{9.10.11.12}{29.30.31.32} = 0,01376\text{*}).$$

Dieselbe Wahrscheinlichkeit hat A auch, Ass, König, Buben, Dame von gleicher aber vorausbestimmter Farbe zu erhalten.

Aus 8 Blättern von gleicher Farbe lassen sich ferner 5 Figuren von der verlangten Eigenschaft bilden, so dass die Wahrscheinlichkeit, eine Quart unter 12 Blättern von einer im voraus bestimmten Farbe zu erhalten, 5 mal grösser ist, als jene, die 4 Ass zu haben. Diese Wahrscheinlichkeit ist demnach

$$0,01376\times 5 = 0,06880.$$

Weil aber in obiger Frage die Farbe der Quart nicht bestimmt ist und jede der 4 Farben gleiche Wahrscheinlichkeit hat, so ist die verlangte Wahr-

*) Dieses Resultat findet man auch mit Hilfe der zusammengesetzten Wahrscheinlichkeit, von der in §. 17. gehandelt wird.

scheinlichkeit, entweder eine Quart oder die 4 Ass
zu haben

$$0,01376 + 0,06880 \times 4 = 0,28896 \,{}^*).$$

§. 16.
Die relative Wahrscheinlichkeit.

Nehmen wir noch einmal die in §. 15 benützte Urne unter
der nämlichen Voraussetzung zu Hilfe, so kann man fragen:

Welches ist die Wahrscheinlichkeit, eher 1 weisse, als
1 schwarze oder rothe Kugel aus der Urne zu ziehen?

Weil hier die weissen, schwarzen und rothen Kugeln allein
in Betracht kommen und alle Kugeln von anderer Farbe nichts
entscheiden, so sind in diesem Falle offenbar $(m+n+q)$ alle
Kugeln, welche entscheiden und darunter m günstige. Die
gesuchte Wahrscheinlichkeit ist daher nur relativ und ausgedrückt durch

$$\frac{m}{m+n+q}.$$

Geben wir diesem Ausdrucke noch folgende, den Werth nicht
ändernde, Form

(2) $$\frac{m}{m+n+q} = \frac{m}{s} : \frac{m+n+q}{s},$$

so sind wir berechtigt, folgenden wichtigen Satz auszusprechen:

„Die relative Wahrscheinlichkeit eines Ereig-
„nisses ist der Quotient aus der *absoluten* Wahr-
„scheinlichkeit dieses Ereignisses und der Summe
„der absoluten Wahrscheinlichkeiten aller Er-
„eignisse, welche man vergleicht.“

Beispiel. Welches ist die Wahrscheinlichkeit, eher 7,
als 4 Augen mit 2 Würfeln zu werfen?

Da nun für 7 die Wahrscheinlichkeit $\frac{6}{36}$, jene für

---

*) In diesem Resultate sind ausschliesslich Quarten allein, nicht
aber auch höhere Figuren, welche nothwendig die Anzahl der Quarten
vermehren müssten, gemeint.

4 Augen $= \dfrac{3}{36}$ ist, so ist die relative Wahrscheinlichkeit dieses Ereignisses

$$\frac{\dfrac{6}{36}}{\dfrac{6}{36} + \dfrac{3}{36}} = \frac{6}{9} = \frac{2}{3}.$$

§. 17.

Die einfache und zusammengesetzte Wahrscheinlichkeit.

Von zwei Urnen, von denen die eine m weisse und n schwarze, die andere m' weisse und n' schwarze Kugeln einschliesst, zieht man aus jeder 1 Kugel. Welches ist die Wahrscheinlichkeit, dass beide Kugeln weisse sind?

Die eine Urne enthält $(m+n)$, die andere $(m'+n')$ Kugeln; um nun alle möglichen Fälle zu erhalten, welche sich ereignen können, stellen wir uns vor, man habe bereits aus der einen von beiden Urnen eine Kugel gezogen; ist dieses geschehen, so kann aus der zweiten jede der $(m'+n')$ Kugeln gezogen werden, oder was dasselbe ist, diese eine gezogene Kugel kann sich mit jeder der andern Urne verbinden. Dieses gilt aber ebenso richtig von jeder andern Kugel der ersteren Urne, und somit ist klar, dass das Product aus beiden Summen, nämlich

$$(m+n)\,(m'+n'),$$

die Anzahl aller denkbaren Fälle ist. Ebenso ergeben sich alle günstigen Fälle, wenn wir jede weisse Kugel der einen Urne mit jeder weissen der andern verbinden lassen und zwar ist diese Anzahl

$$m.m'$$

Die Wahrscheinlichkeit, aus jeder Urne eine weisse Kugel zu ziehen, ist daher ausgedrückt durch

$$\frac{m.m'}{(m+n)\,(m'+n')}$$

oder auch in der Form

(3)
$$\frac{m \cdot m'}{(m+n)\,(m'+n')} = \frac{m}{m+n} \cdot \frac{m'}{m'+n'}$$

In Worten ausgesprochen lautet dieser sehr wichtige Satz:
„Die Wahrscheinlichkeit eines Ereignisses,
„welches aus dem Zusammentreffen mehrerer
„Ereignisse hervorgeht, ist das Product aus
„den absoluten Wahrscheinlichkeiten jedes ein-
„zelnen, von den übrigen unabhängigen, Er-
„eignisses." *)

Diese von den bisher betrachteten völlig verschiedene Wahrscheinlichkeit heisst desswegen zusammengesetzt, weil sie durch das Zusammenwirken von Ereignissen bedingt ist, von denen jedes von dem andern unabhängig ist, und sie ist gerade jene, von der in der Folge am häufigsten Gebrauch gemacht werden wird.

Im Gegensatz zu der zusammengesetzten Wahrscheinlichkeit heisst die in den früheren Paragraphen betrachtete die einfache Wahrscheinlichkeit; übrigens ist dieser Unterschied nicht immer streng aufrecht zu erhalten, und es ist in vielen Fällen nicht schwer, ein Problem nach dem einen und dem andern Principe zugleich zu lösen.

Das Princip der zusammengesetzten Wahrscheinlichkeit lässt sich auch mit Hilfe einer einzigen Urne ableiten. Nehmen wir an, eine Urne enthalte a weisse und b schwarze Kugeln, und es soll die Wahrscheinlichkeit, zweimal hintereinander eine weisse Kugel zu ziehen, gesucht werden. Hier gibt es offenbar so viele denkbare Fälle, als sich die $(a+b)$ Kugeln 2 zu 2 combiniren lassen; diese Anzahl ist ausgedrückt durch

$$\frac{(a+b)\,(a+b-1)}{1.2};$$

---

*) **Moivre, A. de**, soll der erste gewesen sein, der in seinem Werke „The doctrine of Chances, or, a method of calculat. the probab. events in Play. London 1738. 4⁰." auf eine ganz allgemeine Weise von der zusammengesetzten Wahrscheinlichkeit Gebrauch gemacht hat.

ebenso gibt es gerade soviele günstige Fälle, als sich die *a* weissen Kugeln 2 zu 2 combiniren lassen, also

$$\frac{a(a-1)}{1.2}$$

günstige Fälle. Die Wahrscheinlichkeit 2mal nacheinander eine weisse Kugel zu ziehen ist daher ausgedrückt durch

(4) $$\frac{a(a-1)}{(a+b)(a+b-1)} = \frac{a}{a+b} \cdot \frac{a-1}{a+b-1},$$

welcher Ausdruck ganz mit (3) übereinstimmt. Diese Schlussweise lässt sich übrigens soweit ausdehnen, als man will. Will man 3 weisse Kugeln nacheinander ziehen, so ist die entsprechende Wahrscheinlichkeit

$$\frac{a(a-1)(a-2)}{(a+b)(a+b+1)(a+b-2)},$$

und die Wahrscheinlichkeit, nacheinander *n* weisse Kugeln zu ziehen, ist ausgedrückt durch

(5) $$\frac{a(a-1)(a-2)\ldots(a-n+1)}{(a+b)(a+b-1)(a+b-2)\ldots(a+b-n+1)} \,^{*).}$$

Nach dieser Betrachtungsweise wird die Wahrscheinlichkeit, zuerst eine weisse und dann eine schwarze Kugel zu ziehen, ausgedrückt sein durch

$$\frac{a}{a+b} \cdot \frac{b}{a+b-1}$$

Beispiele. 1) Welches ist die Wahrscheinlichkeit, aus einem Kartenspiele von 32 Blättern auf den ersten Griff eine Ass und auf den zweiten eine von den 4 Damen zu ziehen?

Die absolute Wahrscheinlichkeit z u e r s t eine Ass zu ziehen ist

$$\frac{4}{32};$$

ist das erste Blatt gezogen, so bleiben noch 31 Blätter, worunter 4 günstig sind. Die absolute Wahr-

---

*) Wie es die Combinationsformeln verlangen, ist in dieser Formel vorausgesetzt, dass jede gezogene Kugel n i c h t mehr in die Urne zurückgelegt wurde.

scheinlichkeit, auf den zweiten Griff eine Dame zu ziehen, ist daher

$$\frac{4}{31};$$

und die Wahrscheinlichkeit, dass beide Ereignisse nacheinander eintreffen, ist nach dem Principe der zusammengesetzten Wahrscheinlichkeit

$$\frac{4}{32} \cdot \frac{4}{31} = \frac{1}{62}.$$

2) In einer Urne (Glückshafen) befinden sich 90 Nummern, von 1 bis 90 incl., woraus bei jeder Ziehung 5 Nummern gezogen werden; welches ist die Wahrscheinlichkeit, dass 5 bestimmte Nummern gezogen werden, ohne Rücksicht auf die Ordnung, in der sie auf einander folgen?

Die absolute Wahrscheinlichkeit, dass eine von diesen 5 Nummern zuerst gezogen werde, ist

$$\frac{5}{90} = \frac{1}{18};$$

ist die erste Nummer gezogen, so befinden sich nur mehr 89 und von den bezeichneten nur mehr 4 Nummern in der Urne; die absolute Wahrscheinlichkeit, dass eine von diesen 4 Nummern auf den zweiten Zug gezogen werde, ist daher

$$\frac{4}{89}.$$

Ist dieser Zug vorüber, so befinden sich in der Urne noch 88 Nummern, darunter noch 3 von den bezeichneten; die Wahrscheinlichkeit, dass eine dieser Nummern gezogen werde, ist

$$\frac{3}{88}.$$

Ebenso sind

$$\frac{2}{87} \quad \text{und} \quad \frac{1}{86}$$

die absoluten Wahrscheinlichkeiten, dass die noch übrigen 2 Nummern auf den 4ten und 5ten Zug gezogen werden.

Die Wahrscheinlichkeit nun, dass diese 5 Nummern in einer beliebigen Ordnung nacheinander gezogen werden, ist daher nach dem in Formel (5) ausgesprochenen Princip der zusammengesetzten Wahrscheinlichkeit

$$\frac{5 . 4 . 3 . 2 . 1}{90 . 89 . 88 . 87 . 86} = \frac{1}{43949268} \text{*).}$$

Auf dieselbe Weise findet man die Wahrscheinlichkeit, dass unter den 5 gezogenen Nummern 4 bestimmte oder auch besetzte Nummern sich befinden, oder die Wahrscheinlichkeit eine Quaterne zu machen

$$\frac{5 . 4 . 3 . 2}{90 . 89 . 88 . 87} = \frac{1}{511038};$$

ferner jene eine Terne

$$\frac{5 . 4 . 3}{90 . 89 . 88} = \frac{1}{11748}$$

und die Wahrscheinlichkeit eine Ambe zu machen

$$\frac{5 . 4}{90 . 89} = \frac{2}{801}.$$

3) Welches ist die Wahrscheinlichkeit, dass unter 90 Nummern eine bestimmte Nummer auf den 5. Zug gezogen werde?

*) Dieses Resultat lässt sich ebenso richtig mit Hilfe der Combinationen herleiten, wie denn dies auch in der Regel geschieht. Bildet man alle möglichen Combinationen zu 5 aus 90 Elementen, so wird

$$_{90}C_5 = \frac{90 . 89 . 88 . 87 . 86}{1 . 2 . 3 . 4 . 5}$$

$$= 43949268.$$

Die Anzahl der günstigen Fälle ist dann

$$_5C_5 = \frac{5 . 4 . 3 . 2 . 1}{1 . 2 . 3 . 4 . 5} = 1;$$

auf dieselbe Weise findet man alle möglichen Quaternen, Ternen und Amben, und die entsprechenden günstigen Fälle, indem man aus den 5 gezogenen Nummern (Elementen) alle möglichen Quaternen, Ternen und Amben bildet.

Die Wahrscheinlichkeit auf den ersten Zug **nicht** gezogen zu werden ist

$$\frac{89}{90};$$

jene auf den zweiten, dritten, vierten Zug **nicht** gezogen zu werden, ist beziehungsweise

$$\frac{88}{89}, \ \frac{87}{88} \ \frac{86}{87};$$

endlich jene, dass die bestimmte Nummer auf den 5. Zug erscheint

$$\frac{1}{86}.$$

Die aus diesen zusammengesetzte Wahrscheinlichkeit ist die gesuchte und ist

$$\frac{89.88.87.86.1}{90.89.88.87.86} = \frac{1}{90}.$$

Für jeden andern Zug ist die Wahrscheinlichkeit ebenfalls

$$\frac{1}{90}.$$

4) Unter 5 Nummern, die aus 90 Nummern gezogen werden, besetzt Jemand 3 Nummern und zwar jede Nummer auf einen bestimmten Zug. Welches ist die Wahrscheinlichkeit, diese bestimmte Terne zu machen?

Die erste Nummer hat die Wahrscheinlichkeit

$$\frac{1}{90},$$

die zweite aber nicht; denn es muss die erste gezogen sein, damit die zweite erscheinen kann. Nach dem ersten Zuge befinden sich noch 89 Nummern in der Urne; daher ist die Wahrscheinlichkeit, dass die zweite Nummer auf ihren bestimmten Zug erscheine

$$\frac{1}{89};$$

desgleichen die Wahrscheinlichkeit der dritten Nummer

$$\frac{1}{88}.$$

Die aus diesen 3 Ereignissen zusammengesetzte Wahrscheinlichkeit ist daher

$$\frac{1}{90.89.88} = \frac{1}{117480}.$$

Man hätte aber auch mit jeder andern Nummer zuerst anfangen können, z. B. ist die Wahrscheinlichkeit, dass die zweite Nummer auf ihren bestimmten Zug erscheine

$$\frac{1}{90},$$

und jene, dass hierauf die dritte Nummer auf den ihr bestimmten Zug erscheine

$$\frac{1}{89},$$

und endlich die Wahrscheinlichkeit der ersten

$$\frac{1}{88};$$

ihr Product gibt dieselbe Wahrscheinlichkeit, wie vorhin.

Hätte man aber die Bestimmung gemacht, dass jede Nummer auf einen von 3 bestimmten Zügen, also z. B. nur nicht auf den 2. und 4. Zug erscheine, so wäre die entsprechende Wahrscheinlichkeit eine Terne zu machen

$$\frac{3.\,2.\,1}{90.89.88} = \frac{1}{19580}$$

2. Abtheilung.

Die Gesetze der Wahrscheinlichkeit bei Wiederholung der Ereignisse.

§. 18.

Wiederholung zweier Ereignisse bei constanter einfacher Wahrscheinlichkeit.

Die Lösung aller Fragen, welche man in Betreff der Wahrscheinlichkeit bei wiederholten Versuchen stellen kann, ist in dem §. 17 entwickelten Princip der zusammengesetzten Wahrscheinlichkeit enthalten.

Nehmen wir an, von zwei Ereignissen A und B habe das erstere a günstige, das letztere b günstige Fälle; oder dem Ereigniss A entsprechen a weisse, dem B hingegen b schwarze in einer Urne befindliche Kugeln. Ferner wollen wir der Einfachheit wegen die entsprechende Wahrscheinlichkeit, dass eine weisse oder schwarze Kugel gezogen werde, durch p und q bezeichnen

$$p = \frac{a}{a+b} \quad \text{Wahrscheinlichkeit eine weisse}$$

$$q = \frac{b}{a+b} \qquad \text{"} \qquad \qquad \text{"} \ \text{schwarze}$$

Kugel zu ziehen.

Wird nun zweimal hintereinander gezogen, so können entweder

2 weisse, oder

1 weisse und 1 schwarze, oder

1 schwarze und 1 weisse, oder

2 schwarze

Kugeln gezogen werden. Die entsprechenden Wahrscheinlichkeiten dieser 4 Fälle sind nach §. 17, wenn jede gezogene Kugel wieder in die Urne gelegt wird,

$$p \cdot p; \ p \cdot q; \ q \cdot p; \ q \cdot q;$$

oder auch, weil wir nur Fälle voraussetzen, in denen die Aufeinanderfolge von schwarz und weiss gleichgiltig ist,

$$p^2; \ 2pq; \ q^2,$$

was nichts anders ist, als die Glieder des entwickelten Ausdruckes $(p+q)^2$.

Analog erhalten wir die entsprechenden Wahrscheinlichkeiten, wenn 3mal nacheinander gezogen wird,

$$p^3; \ 3p^2q; \ 3pq^2; \ q^3,$$

welche 4 verschiedene Ausdrücke der Entwicklung von $(p+q)^3$ gleichkommen. Der Ausdruck

$$3p^2q$$

z. B. bedeutet die Wahrscheinlichkeit, dass 2 weisse und 1

schwarze Kugel, gleichgiltig in welcher Aufeinanderfolge, gezogen werden; oder was dasselbe ist, dass das Ereigniss A 2mal, und B 1mal eintreffe.

Allgemein erhalten wir unter Annahme, dass m mal nacheinander gezogen wird, oder m Versuche gemacht werden, als Wahrscheinlichkeiten aller möglichen Fälle, welche dadurch zum Vorschein kommen können, beziehungsweise

$$p^m; \quad m p^{m-1} q; \quad \frac{m(m-1)}{1.2} p^{m-2} q^2 \ldots\ldots m p q^{m-1}; \quad q^m.$$

Jeder dieser Ausdrücke ist ein echter Bruch; ihre Anzahl beträgt, wie das Binomialtheorem lehrt, $(m+1)$ Glieder, und die Summe dieser $(m+1)$ Glieder ist der Einheit gleich, weil nothwendig einer von allen möglichen Fällen eintreffen muss. Stellen wir daher die Ausdrücke in Form einer Summe dar, so haben wir sowohl

$$(p+q)^m = p^m + \frac{m}{1} p^{m-1} q + \frac{m(m-1)}{1.2} p^{m-2} q^2 + \ldots$$
$$+ \frac{m(m-1)(m-2)\ldots(m-n+1)}{1.2.3\ldots\ldots n} p^{m-n} q^n + \ldots$$
$$+ \frac{m}{1} p q^{m-1} + q^m,$$

als auch

$$(p+q)^m = 1^*).$$

Die Bedeutung eines jeden dieser $(m+1)$ Glieder ist aus der Entwicklung selbst klar; betrachten wir z. B., um noch einmal darauf zurückzukommen, das allgemeine Glied des entwickelten Binoms, nämlich

$$\frac{m(m-1)(m-2)\ldots\ldots(m-n+1)}{1.2.3\ldots n} p^{m-n} q^n,$$

so ist der Werth dieses Ausdruckes die zusammengesetzte Wahrscheinlichkeit, dass das Ereigniss A, dessen einfache Wahrscheinlichkeit p ist, unter m Versuchen $(m-n)$ mal, da-

---

*) Da $p = \dfrac{a}{a+b}$ und $q = \dfrac{b}{a+b}$ ist, so ist

$p + q = \dfrac{a+b}{a+b} = 1$, also auch $(p+q)^m = 1$.

gegen B, dessen einfache Wahrscheinlichkeit q ist, nur n mal eintreffe, gleichgiltig, in welcher Aufeinanderfolge.

Um aber auch auf den Sinn der Summe selbst einzugehen, so fassen wir die Glieder vom ersten bis einschliesslich zu dem eben betrachteten allgemeinen Gliede zusammen und bemerken, dass in allen vorausgehenden Gliedern der Exponent von p grösser als $m-n$ ist, oder dass A öfter als im allgemeinen Glied eintreffen soll. Daraus geht hervor:

„die Summe dieser zusammengefassten Glieder ist die „Wahrscheinlichkeit, dass das Ereigniss A nicht weni- „ger (wohl öfter) als $(m-n)$ mal eintreffen wird."

Wenn p, q, r die einfachen Wahrscheinlichkeiten dreier verschiedener Ereignisse A, B und C bezeichnen, so hätten wir analog

$$(p+q+r)^m = 1$$

zu entwickeln, um sowohl alle möglichen Fälle, welche in m Versuchen zum Vorschein kommen können, als auch ihre entsprechenden Wahrscheinlichkeiten zu erhalten, was wir der Schwierigkeit und Entbehrlichkeit wegen für unsern Zweck nicht nothwendig haben, da für einen bestimmt vorgelegten Fall die Principien der zusammengesetzten Wahrscheinlichkeit vollkommen ausreichen.

§. 19.

Anwendungen.

Beispiele: 1) Man soll die Wahrscheinlichkeit bestimmen, im Kopf- und Wappenspiel *) in 8 Versuchen 5 Mal Kopf und folglich 3 Mal Wappe zu werfen.

Beide Ereignisse haben gleiche Wahrscheinlichkeit; wir haben daher der Aufgabe zufolge

$$p = \frac{1}{2}; \ q = \frac{1}{2} \text{ und } m = 8,$$

$$m - n = 5 \text{ und } n = 3$$

in der allgemeinen Formel zu setzen. Die verlangte Wahrscheinlichkeit ist demnach

---

*) Auch „Geldwerfen, Kopf oder Schrift" genannt.

$$\frac{8.7.6.5.4}{1.2.3.4.5}\, p^5 q^3 = \frac{8.7.6.5.4}{1.2.3.4.5}\left(\frac{1}{2}\right)^5\cdot\left(\frac{1}{2}\right)^3$$

$$= \frac{56}{2^8} = \frac{7}{32} = 0{,}21875.$$

2) Welches ist die Wahrscheinlichkeit, mit einem Würfel innerhalb 3 Würfen gerade 1 Mal 6 Augen zu werfen?

Die einfache Wahrscheinlichkeit, 6 zu werfen ist $\frac{1}{6}$, die des Gegentheils $\frac{5}{6}$; setzen wir nun in der allgemeinen Formel

$$p = \frac{1}{6};\ q = \frac{5}{6};\ m = 3$$

$$m-n = 1;\ n = 2,$$

so ist die gesuchte Wahrscheinlichkeit

$$3pq^2 = 3\cdot\frac{1}{6}\cdot\left(\frac{5}{6}\right)^2 = \frac{25}{72} = 0{,}3472.$$

3) Welches ist die Wahrscheinlichkeit, mit einem Würfel innerhalb 5 Würfen w e n i g s t e n s 2 Mal 6 Augen zu werfen?

Dieses Mal ist wieder

$$p = \frac{1}{6};\ q = \frac{5}{6};\ m = 5$$

$$m-n = 2;\ n = 3$$

zu setzen; und die gesuchte Wahrscheinlichkeit wird erhalten dadurch, dass wir alle vorangehenden Glieder zusammen nehmen, weil 6 auch öfter als gerade 2 Mal auffallen darf; wir haben daher

$$p^5 + 5p^4 q + \frac{5.4}{1.2}p^3 q^2 + \frac{5.4.3}{1.2.3}p^2 q^3$$

$$=\left(\frac{1}{6}\right)^5+5\left(\frac{1}{6}\right)^4\left(\frac{5}{6}\right)+\frac{5.4}{1.2}\left(\frac{1}{6}\right)^3\left(\frac{5}{6}\right)^2+\frac{5.4.3}{1.2.3}\left(\frac{1}{6}\right)^2\left(\frac{5}{6}\right)^3$$

$$= \frac{1+25+250+1250}{7776} = \frac{1526}{7776} = 0{,}1962.$$

Seiner historischen Merkwürdigkeit wegen führen wir noch folgendes Beispiel an.

4) Welches ist die Wahrscheinlichkeit, mit einer Münze, deren Seiten (*Avers* und *Revers*) wir mit A und B bezeichnen wollen, in 2 Würfen wenigstens 1 Mal die Seite A zu werfen? *)

Nach dem vorausgehenden Beispiele haben wir sogleich

$$p^2 + 2pq = \frac{1}{4} + \frac{1}{2} = \frac{3}{4}.$$

§. 20.

Fortsetzung.

Bei jedem Spiele oder jeder Wette zwischen 2 Spielern A u. B verlangt es die Billigkeit, dass jeder von ihnen die Wahrscheinlichkeit zu gewinnen $\frac{1}{2}$ habe, wenn beide gleiche Einsätze machen. Spielen z. B. A und B mit einem Würfel, und A wettet 6 zu werfen, so ist seine Wahrscheinlichkeit nur $\frac{1}{6}$, während sein Gegner die Wahrscheinlichkeit $\frac{5}{6}$ hat. Soll das Spiel aber dennoch gleichmässig werden, so muss B dem A eine gewisse Anzahl von Würfen erlauben, innerhalb deren A 6 (Augen) zu werfen hat.

Man kann daher die Frage aufwerfen:

Beispiele: 1) Wie oft muss A mit einem Würfel werfen, damit er die Wahrscheinlichkeit $\frac{1}{2}$ hat, wenigstens 1 Mal 6 (Augen) zu werfen?

Zur Auflösung dieser Frage finden wir das Nöthige in §. 18; wir haben nur die gegebenen Grössen, nämlich

---

*) **D'Alembert**, *Opuscules mathématiques, tom. II. pag.* 20, behauptet nämlich, die gesuchte Wahrscheinlichkeit wäre $\frac{2}{3}$, was von allen späteren Autoren als Irrthum anerkannt wurde.

$$p = \frac{1}{6} \,; q = \frac{5}{6} \,; m = x$$

$$m - n = 1 \text{ also } n = m - 1$$

einzusetzen, wodurch wir folgende Gleichung erhalten

$$\left(\frac{1}{6}\right)^m + m\left(\frac{1}{6}\right)^{m-1} \cdot \frac{5}{6} + \frac{m(m-1)}{1.2}\left(\frac{1}{6}\right)^{m-2} \cdot \left(\frac{5}{6}\right)^2 + \ldots$$

$$+ m \cdot \frac{1}{6} \cdot \left(\frac{5}{6}\right)^{m-1} = \frac{1}{2}.$$

Diese Gleichung aufzulösen, würde viele Mühe kosten, wenn wir sie nicht durch nachstehende Bemerkung umgehen könnten.

In §. 18 haben wir entwickelt

$$1 = p^m + mp^{m-1}q + \frac{m(m-1)}{1.2}p^{m-2}q^2 + \ldots$$

$$+ mpq^{m-1} + q^m;$$

daraus folgt sogleich, wenn wir q^m auf die andere Seite setzen

$$1 - q^m = p^m + mp^{m-1}q + \frac{m(m-1)}{1.2}p^{m-2}q^2 + \ldots + mpq^{m-1}.$$

Die rechte Seite ist genau der obige Ausdruck, wenn darin $p = \frac{1}{6}$ und $q = \frac{5}{6}$ gesetzt wird. Dadurch haben wir jetzt statt der vorigen complicirten Gleichung folgende einfache

$$1 - q^m = \frac{1}{2}$$

aufzulösen, oder was dasselbe ist

$$q^m = \frac{1}{2},$$

und da endlich $q = \frac{5}{6}$, so ist

$$\left(\frac{5}{6}\right)^m = \frac{1}{2},$$

woraus man mit Hilfe der Logarithmen

$$m = \frac{\log 2}{\log 6 - \log 5} = 3{,}802$$

findet.

A hat demnach nicht ganz 4 Mal *) zu werfen; räumt ihm sein Gegner 4 volle Würfe ein, so ist A im Vortheil.

2) Wie oft muss ein Spieler A mit 2 Würfeln werfen, um die Wahrscheinlichkeit $\frac{1}{2}$ zu haben, wenigstens 1 Mal einen Pasch (*sonnez*), die 2 Sechser zugleich, zu werfen?

Wir haben auch hier, wie vorhin, die Gleichung

$$q^m = \frac{1}{2}$$

aufzulösen, worin

$$q = \frac{35}{36}$$

zu setzen ist. Die Auflösung der Gleichung

$$\left(\frac{35}{36}\right)^m = \frac{1}{2}$$

gibt

$$m = 24{,}6 \text{ Mal} **).$$

§. 21.

Das Maximum der Wahrscheinlichkeiten.

Jedes Glied des im §. 18 entwickelten Binoms $(p+q)^m$ drückt die respektive Wahrscheinlichkeit aus, dass das Ereigniss A, dessen einfache Wahrscheinlichkeit p ist, so oft innerhalb m Versuchen eintreffen werde, als der Exponent von p

---

*) Dieses Resultat ist desshalb bemerkenswerth, weil man leicht zu glauben versucht sein könnte, A müsste 5 Mal werfen, um auch 5 günstige Fälle für sich zu haben, wie dieses B bei Beginn des Spieles hat.
Das Nämliche gilt von dem zweiten und ähnlichen Beispielen.

) *Oeuvres de* **Blaise Pascal *à la Haye* 1779, *tom. IV.*, befindet sich dieses ihm von Chevalier **de Méré** gestellte Problem, wovon schon Seite 4 Erwähnung geschah.

ausdrückt. Jedes dieser Glieder ist ein ächter Bruch; aber alle diese Brüche sind untereinander von verschiedener Grösse, und eines ist von allen das grösste oder das Maximum aller einzelnen Wahrscheinlichkeiten. Berechnet man in einem vorgelegten Falle alle diese Glieder, und schreibt die gefundenen numerischen Werthe der Reihe nach neben einander, so sieht man sowohl das Maximum von allen, als auch das Steigen und Fallen der einzelnen Wahrscheinlichkeiten. Es lässt sich aber auch jedesmal von vorneherein dieses Maximum oder der Fall, welcher die grösste Wahrscheinlichkeit für sich hat, angeben. Zu diesem Ende betrachten wir noch einmal das allgemeine $(n+1)^{te}$ Glied, nämlich

$$\frac{m(m-1)(m-2)\ldots(m-n+2)(m-n+1)}{1.2.3\ldots(n-1)n}\, p^{m-n}q^{n}\,;$$

diesem geht unmittelbar voran

$$\frac{m(m-1)(m-2)\ldots(m-n+3)(m+n-2)}{1.2.3\ldots(n-2)(n-1)}\, p^{m-n+1}q^{n-1}\,.$$

Bezeichnen wir der Einfachheit wegen diese zwei Glieder durch

$$N_{n+1} = (n+1)^{tes}\text{ Glied}$$
$$N_{n} = n^{tes}\text{ Glied}$$

und dividiren mit letzterem in das erstere, so haben wir

(1)
$$\frac{N_{n+1}}{N_{n}} = \frac{m-n+1}{n}\cdot\frac{q}{p}$$
$$= \left(\frac{m+1}{n}-1\right)\cdot\frac{q}{p}$$

So lange nun die Glieder steigen, muss offenbar

$$N_{n+1} > N_{n}$$

oder was dasselbe ist,

$$\frac{N_{n+1}}{N_{n}} > 1$$

sein; im entgegengesetzten Fall

$$\frac{N_{n+1}}{N_{n}} < 1\,;$$

das Maximum befindet sich nothwendig an der Stelle, an der unmittelbar darauf das Fallen eintritt. Wäre

$$N_{n+1} = N_{n}\,,$$

was auch der Fall sein kann, so wären beide Glieder die grössten von allen andern, also jedes ein Maximum, weil hier das Steigen seine Grenze erreicht hat. Wir können daher sagen, das Maximum befindet sich an der Stelle, wo der Quotient

$$\frac{N_{n+1}}{N_n} = 1,$$

oder doch nahezu gleich der Einheit ist.

An welcher Stelle dieses aber stattfindet, sagt uns die Grösse n, welche wir daher aus obiger Gleichung

$$\frac{N_{n+1}}{N_n} = \left(\frac{m+1}{n} - 1\right) \frac{q}{p}$$

dadurch ableiten, dass wir die rechte Seite

$$= 1+x$$

setzen, worin x eine sehr kleine Grösse bezeichnet, die auch Null sein kann.

Aus der Bedingungsgleichung

$$\left(\frac{m+1}{n} - 1\right) \frac{q}{p} = 1+x$$

folgt nun

$$n = \frac{q(m+1)}{p+q+px}$$

oder wegen $p+q=1$

$$n = \frac{qm+q}{1+px}.$$

Weil aber n und m ganze Zahlen, q und px ächte Brüche sind, so genügt es schon, wenn wir

(2) $$n = qm$$

annehmen, weil wir dadurch auf kein anderes Glied des Binoms gerathen, als gerade auf das Maximum. Dadurch sind wir in den Stand gesetzt, in jedem gegebenen Falle zu bestimmen, welches Ereigniss die grösste Wahrscheinlichkeit für sich haben wird. Durch die Annahme $n=qm$ nehmen aber die Exponenten von p und q im Gliede des Maximums eine so auffallende Form an, dass wir es nicht unbemerkt lassen dürfen.

Diese Exponenten sind ursprünglich

$$(m-n) \text{ und } n,$$

weil aber $n=qm$, so ist auch

$$m - n = m - qm = m(1-q)$$

oder weil

$$p = 1 - q$$

aus $p+q=1$ ist, so haben wir

$$m - n = mp.$$

Bezeichnen wir der Kürze wegen den Coefficienten des Maximums mit

$$M,$$

so ist endlich

(3) $$M p^{m-n} q^n = M p^{mp} q^{mq}$$

das Glied des Maximums.

Die Form dieser Exponenten gibt zu verstehen, dass jener Fall die grösste Wahrscheinlichkeit für sich hat, worin die zwei Ereignisse A und B in dem Verhältnisse oft eintreffen sollen, in welchem ihre einfachen Wahrscheinlichkeiten p und q stehen; denn die Exponenten mp und mq stehen im nämlichen Verhältniss, wie p und q.

Bis jetzt haben wir in diesem § ausschliesslich vom Maximum gesprochen, was an sich wohl keiner Rechtfertigung bedarf; aber auch die übrigen Glieder wären einer besonderen Aufmerksamkeit fähig, und insbesondere das Gesetz des Steigens und Fallens der einzelnen Wahrscheinlichkeiten unter sich. Nach diesem wäre es von besonderem Interesse, in der Weise eine Untersuchung anzustellen, dass wir m die Anzahl der Versuche eine ganze Reihe von Werthen annehmen lassen und die verschiedenen Phasen beobachten, in welche die einzelnen Wahrscheinlichkeiten übergehen, während die einfachen Wahrscheinlichkeiten p und q constante Grössen bleiben. Dieses würde indess die philosophische Seite der Wahrscheinlichkeit in einem solchen Maasse berühren, dass wir nothwendig von unserm vorgesteckten Ziele abirren müssten; und somit begnügen wir uns, jene, welche mehr Belehrung hierüber wünschen, auf die Untersuchungen von Jacob Bernoulli aufmerksam zu machen. *)

---

*) **Jacob Bernoulli**, *Ars conjectandi. Basil.* 1713.

§. 22.

Die Wiederholung zweier Ereignisse von gleicher Wahrscheinlichkeit.

Ein besonderes Interesse bietet der Fall, wenn die beiden Ereignisse A und B, welche sich mehrmals abwechselnd wiederholen, gleiche einfache Wahrscheinlichkeit, also

$$p = \frac{1}{2} \text{ und } q = \frac{1}{2}$$

haben. In diesem Falle sind die einzelnen Glieder des entwickelten Binoms $(p+q)^m$ symmetrisch und das mittlere Glied ist das grösste von allen. Denn wir haben gesehen, dass durch

$$n = qm$$

das grösste Glied angezeigt wird, welches also wegen $q = \frac{1}{2}$ das mittlere sein muss, da in unserm Falle

$$n = \frac{1}{2}m$$

wird.

Formell haben wir zwar alle hieher gehörigen Probleme durch die Binomialformel gelöst; ist aber m eine nur mässig grosse Zahl, so ist die Berechnung irgend eines Gliedes des Binoms nichts weniger als bequem. In diesem Falle kommt uns eine sehr elegante Formel gut zu Statten, welche zum Gebrauche bei geodätischen und astronomischen Beobachtungen erfunden wurde, und welcher wir auf kurze Zeit unsere Aufmerksamkeit widmen wollen. Zwar müssen wir auf die Herleitung dieser Formel verzichten, weil dazu einige Kenntnisse aus der Integralrechnung vorausgesetzt werden müssen, womit Mancher der Leser nicht vertraut sein dürfte; aber dessen ungeachtet können wir ihre Anwendung erläutern und selbst davon Gebrauch machen.

Diese Formel ist nun folgende

(1) $$y = \frac{h}{\sqrt{\pi}} e^{-h^2 x^2} {}^{*)}$$

---

*) Den Grund zu dieser Formel legte der berühmte Astronom **Gauss** in zwei Abhandlungen, welche den Titel führen: *„Theoria motus corporum coelestium."* *„Theoria combinationis observationum erroribus minimis*

Darin bedeuten h, π und e constante, y und x veränderliche Grössen, und zwar

$$\pi = 3,14159\ldots$$

die Ludolphine,

$$e = 2,71828\ldots$$

die Basis der natürlichen oder hyperbolischen Logarithmen, und

$$h$$

„das Maass der Präcision";

x die Grösse des Beobachtungsfehlers und y die ihm entsprechende Wahrscheinlichkeit, diesen Fehler während einer gewissen Anzahl von Beobachtungen gemacht zu haben.

Die ganze Gleichung stellt nach der Sprache der analytischen Geometrie eine symmetrische Curve dar, welche unter dem Namen

„Wahrscheinlichkeitscurve"

bekannt ist und das stetige Ab- und Zunehmen der einzelnen Wahrscheinlichkeiten untereinander veranschaulicht. Nachstehende Figur gibt ein Bild von der Wahrscheinlichkeitscurve.

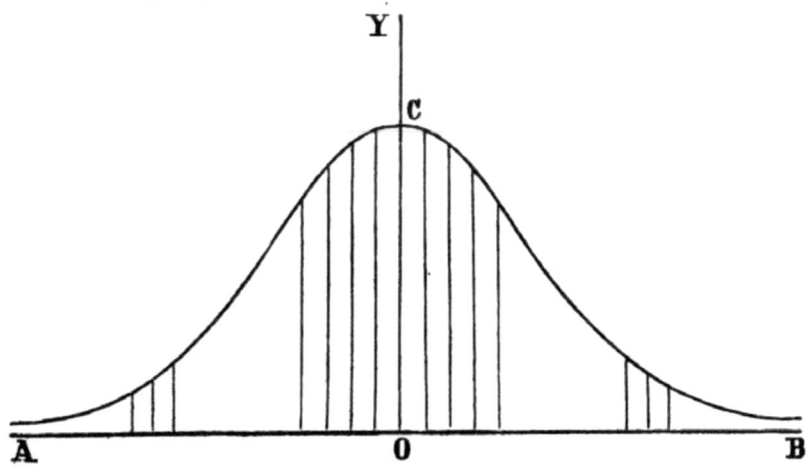

obnoxiae," *Gottingae* 1823. Das Ergebniss der beiden Untersuchungen war zunächst die Begründung der

„Methode der kleinsten Quadrate"

unter Anwendung der Principien der Wahrscheinlichkeitsrechnung, während fast zu gleicher Zeit **Legendre** auf empirischem Wege zu demselben Resultate gelangte. Mit und nach **Gauss** beschäftigte sich der grosse Astronom **Laplace** mit der Methode der kleinsten Quadrate, ohne übrigens völlig mit den **Gauss**'schen Ansichten übereinzustimmen.

In der Mitte einer Strecke A B in O ist eine Senkrechte O Y errichtet; von O aus sind die Strecken O B und O A in eine gewisse Anzahl lauter gleicher Theile getheilt; das zur Einheit angenommene Theilchen stellt die Grösse des Fehlers vor, welcher in Einer Beobachtung gemacht und in jeder Beobachtung gleich gross vorausgesetzt wird. In jedem Theilpunkte der Geraden A B werden Senkrechte errichtet und die aus der Wahrscheinlichkeitsgleichung berechneten Werthe für y aufgetragen, die so erhaltenen Punkte auf diesen Senkrechten werden untereinander verbunden, wodurch eine stetige krumme Linie von vorstehender Gestalt entsteht.

O C ist das Maximum oder die Wahrscheinlichkeit k e i n e n Fehler gemacht zu haben; je weiter man sich auf der Geraden A B von der Mitte O entfernt, desto grösser ist der aus sämmtlichen Beobachtungen resultirende Fehler, aber desto kleiner ist auch seine Wahrscheinlichkeit, welche zu beiden Seiten von O C sehr rasch abnimmt und immer mehr der Null sich nähert.

Um aber obige Formel zu unserm Gebrauch einzurichten, müssen wir erwähnen, dass das Maass der Präcision

$$h = \frac{1}{dx\sqrt{m}}$$

bedeutet, worin die Grösse dx den zur Einheit angenommenen Fehler und

m die halbe Anzahl

aller Beobachtungen vorstellt. Daher haben wir $dx = 1$ zu nehmen und also

$$\frac{1}{\sqrt{m}} \quad \text{statt } h$$

zu substituiren. Beachten wir aber noch, dass m nur die halbe Anzahl aller Beobachtungen bedeutet, während wir bisher unter m alle Wiederholungen verstanden haben, so müssen wir, um m auch jetzt noch wie früher zu verstehen,

$$\frac{1}{\sqrt{\frac{1}{2}m}} \quad \text{statt } h$$

substituiren; dadurch erhalten wir folgende Formel

$$(2) \qquad y = \frac{1}{\sqrt{\frac{1}{2}\pi m}}\, e^{-\frac{2x^2}{m}}$$

Für den Fall des Maximums ist
$$x = 0$$
zu setzen, wodurch wir

$$y = \frac{1}{\sqrt{\frac{1}{2}\,\pi\, m}}$$

haben. Um nun mit dem früher behandelten Binom $(p+q)^m$ einen Vergleich anzustellen, müssen wir

$$p = \frac{1}{2} \text{ und } q = \frac{1}{2}$$

setzen; bezeichnen wir ferner mit

>M den Coefficienten des Maximums
>M₁ den des nächstfolgenden Gliedes
>M₂ den des zweiten darnach

u. s. w., so haben wir folgende Gleichungen

$$M\left(\frac{1}{2}\right)^m = \frac{1}{\sqrt{\frac{1}{2}\,\pi\, m}}$$

$$M_1\left(\frac{1}{2}\right)^m = \frac{1}{\sqrt{\frac{1}{2}\,\pi\, m}}\, e^{-\frac{2}{m}}$$

$$M_2\left(\frac{1}{2}\right)^m = \frac{1}{\sqrt{\frac{1}{2}\,\pi\, m}}\, e^{-\frac{8}{m}}$$

u. s. w., indem wir der Reihe nach
$$x = 0; = 1; = 2 \text{ etc.}$$
zu setzen hatten.

Beispiele: 1) Nehmen wir an, in einer Urne befinden sich ebensoviel weisse als schwarze Kugeln. Welches ist nun die Wahrscheinlichkeit, in 1000 Zügen

500 weisse und ebensoviele schwarze Kugeln zu ziehen, wenn jede gezogene Kugel wieder in die Urne
gelegt wird?

Wollten wir diese Frage vermittelst der Binomialformel auflösen, so müssten wir eine ziemlich mühe-
same Rechnung durchmachen, da der Zähler und
Nenner von M nicht weniger als 500 Factoren enthält; bedienen wir uns hingegen der Formel

$$y = \frac{1}{\sqrt{\frac{1}{2}\,\pi\,m}}\, e^{-\frac{2x^2}{m}}$$

so haben wir darin

$$x = 0 \text{ und } \frac{1}{2}\,m = 500$$

zu setzen. Die gesuchte Wahrscheinlichkeit ist daher

$$y = \frac{1}{\sqrt{\pi\,.\,500}} = \frac{1}{\sqrt{500 \times 3{,}14159}}$$
$$y = 0{,}02523.$$

2) Sucht man die Wahrscheinlichkeit, in 1000 Zügen 600 weisse und 400 schwarze Kugeln zu ziehen,
so ist

$$x = 100; \frac{1}{2}\,m = 500$$

zu setzen (weil x die Entfernung von der Mitte oder
Hälfte bedeutet), und folgende Gleichung aufzulösen

$$y = \frac{1}{\sqrt{\pi\,.\,500}}\, e^{-\frac{10000}{500}}$$
$$= \frac{1}{\sqrt{\pi\,.\,500}}\, e^{-20} = 0{,}00000000052..$$

eine Wahrscheinlichkeit, welche so viel wie Null ist.

Um die Uebereinstimmung beider Auflösungsarten
zu zeigen, lösen wir folgendes Beispiel auf beide
Arten zugleich.

3) Welches ist die Wahrscheinlichkeit, aus obiger Urne 9 weisse und 9 schwarze Kugeln in 18 Zügen zu ziehen, wenn jede gezogene Kugel wieder in die Urne gelegt wird.

Nach der Binomialformel haben wir

$$\frac{18.17.16.15.14.13.12.11.10}{1.\ 2.\ 3.\ 4.\ 5.\ 6.\ 7.\ 8.\ 9}\left(\frac{1}{2}\right)^{18} = \frac{17.13.11.5}{2^{16}}$$

$$= 0{,}185;$$

und nach der andern Formel

$$y = \frac{1}{\sqrt{9.\pi}} = \frac{1}{5317} = 0{,}188.$$

Beide Resultate stimmen in der dritten Dezimalstelle nicht mehr überein, was seinen Grund in der Natur der Wahrscheinlichkeitsgleichung hat, welche nur für hinlänglich grosse m Zuverlässigkeit gewährt. *)

§. 23.

Wiederholung der Ereignisse bei veränderlicher einfacher Wahrscheinlichkeit.

Bisher haben wir angenommen, jede aus einer Urne gezogene Kugel werde zurückgeworfen und könne wiederholt

---

*) Wer weitere Belehrung über die Anwendung der Formel

$$y = \frac{h}{\sqrt{\pi}} e^{-h^2 x^2}$$

wünscht, ziehe zu Rathe

Encke, Berliner astronomisches Jahrbuch v. J. 1834, 1835 u. 1836.

Fischer, Höhere Geodäsie.

Gerling, Die Ausgleichungsrechnungen der practischen Geometrie oder die Methode der kleinsten Quadrate. Hamburg 1843.

Liagre, *Calcul des probabilités et théorie des erreurs.* Bruxelles 1852.

Dienger in Grunert's Archiv für Mathematik u. Physik XVIII. B. 2. Heft.

Verdam, G. J., *Verhandeling over de methode d. kleinste Quadraten.* Afdeel I, 2. Groningen 1850—52.

Kunzek, Studien aus der höheren Physik. Wien 1856.

Ritter, E., *Manuel théor. et prat. de l'application de la méthode des moindres carrés.* Paris 1858.

gezogen werden. Nehmen wir nun aber an, eine Urne enthalte a weisse und b schwarze Kugeln, und jede gezogene Kugel komme nicht mehr in die Urne. Welches ist unter dieser Voraussetzung die Wahrscheinlichkeit, 2 Mal eine weisse und das dritte Mal 1 schwarze Kugel zu ziehen?

Nach dem Principe der zusammengesetzten Wahrscheinlichkeit §. 17 haben wir sogleich die gesuchte Wahrscheinlichkeit

$$\frac{a}{a+b} \times \frac{a-1}{a+b-1} \times \frac{b}{a+b-2}.$$

Eine weitere Ausdehnung dieser Schlüsse hat ebenfalls keine Schwierigkeiten.

Zum Schlusse stellen wir noch folgende Frage:

Welches ist die Wahrscheinlichkeit, aus einer Urne, welche a weisse und b schwarze Kugeln enthält, in 3 Zügen wenigstens 1 weisse Kugel zu ziehen, wenn die jedes Mal gezogene Kugel nicht mehr in die Urne kommt?

Es sind hier 3 günstige Fälle, wenn nämlich 3 oder 2 oder nur 1 weisse Kugel gezogen wird.

Die Wahrscheinlichkeit, 3 weisse Kugeln zu ziehen, ist

$$\frac{a}{a+b} \times \frac{a-1}{a+b-1} \times \frac{a-2}{a+b-2},$$

jene, 2 zu ziehen

$$\left(\frac{a}{a+b} \times \frac{a-1}{a+b-1} \times \frac{b}{a+b-2}\right) \times 3,$$

und jene, nur 1 weisse zu ziehen

$$\left(\frac{a}{a+b} \times \frac{b}{a+b-1} \times \frac{b-1}{a+b-2}\right) \times 3.$$

Die Summe aus den 3 Wahrscheinlichkeiten ist die gesuchte, nämlich

$$\frac{a(a+1)(a-2)+3a(a-1)b+3ab(b-1)}{(a+b)(a+b-1)(a+b-2)}$$

3. Abtheilung.

Der käufliche Werth der mathematischen Wahrscheinlichkeit.

§. 24.

Die mathematische Hoffnung oder Erwartung.

Soweit wir bisher von Wahrscheinlichkeit gesprochen haben, waren wir bestrebt, deren Werth in einem abstracten Zahlenausdrucke, also ihren absoluten Werth, festzusetzen, um uns auf diese Weise von jedem andern Werthmesser unabhängig zu machen. Von jetzt an müssen wir uns auf einen andern Standpunct stellen und diesen abstracten Zahlenwerth mit dem Werthe der Münze verbinden, die mathematische Wahrscheinlichkeit so zu sagen in die Sprache des Kaufmanns übersetzen. Den Anfang wollen wir mit dem Spiele und der Wette machen.

Nehmen wir an, von zwei Spielern A und B habe

A die Wahrscheinlichkeit p

B „ „ q;

A mache den Einsatz P

B „ „ „ Q;

so haben wir zu erörtern, wie diese Einsätze beschaffen sein müssen, damit das Spiel ein gleichmässiges sei.

Der Spieler A kann Q, den Einsatz des B, gewinnen und dagegen seinen Einsatz P verlieren; dieses ist aber nur in dem Maasse wahr, als er die Wahrscheinlichkeit für jedes von beiden hat. Die Wahrscheinlichkeit zu gewinnen ist p, jene zu verlieren q. Der Werth des Gewinnes ist daher

$$Q \cdot p,$$

der des Verlustes $P \cdot q$.

Das Spiel wird aber ein rechtmässiges sein, wenn der Werth des Gewinnes den Werth des Verlustes aufwiegt.

Wir haben demnach beide Werthe einander gleichzusetzen, wodurch wir folgende Fundamentalgleichung erhalten:

(1) $$Q p = P \cdot q$$

4 *

Das Product Qp ist nun das, was

„mathematische Hoffnung oder Erwartung" *)

genannt worden ist, und zwar ist

Qp die mathematische Hoffnung des A

$P.q$ „ „ „ „ B.

Stellt man obige Gleichung in Form einer Proportion dar, so haben wir

(2) $$P:Q = p:q$$

d. h. „die Einsätze müssen in demselben Verhält-„nisse geschehen, in welchem beziehungsweise „die Wahrscheinlichkeiten der Spieler stehen."

Bildet man aus der Proportion (2) noch folgende

$$P+Q:P = p+q:p,$$

oder weil $p+q=1$ ist,

$$P+Q:P = 1:p$$

und analog

$$P+Q:Q = 1:q,$$

so kann man die Einsätze P und Q auch noch auf nachstehende Weise ausdrücken

(3) $$P = (P+Q)\,p$$
(4) $$Q = (P+Q)\,q$$

d. h. „der Einsatz jedes Spielers muss gleich „sein der mathematischen Hoffnung, den gan-„zen Satz des Spiels zu gewinnen."

Wettet z. B. A mit einem Würfel 6 zu werfen, so hat er die Wahrscheinlichkeit $\frac{1}{6}$ die Wette zu gewinnen; setzt nun A einen Thaler, so muss B fünf Thaler setzen, wenn die Wette rechtmässig sein soll.

---

*) Die ersten Schriftsteller über Wahrscheinlichkeitsrechnung, wie **Pascal**, **Bernoulli**, **Huygens** u. dgl. wurden, wie schon erwähnt, gerade durch das Spiel veranlasst, eine Theorie zu begründen, welche die Grundlage der späteren Wahrscheinlichkeitsrechnung bildete. Sie bedienten sich auch verschiedener Benennungen, wie: *Géométrie du hasard*, (Pascal); *Specimen theoriae novae de mensura sortis* (D. Bernoulli). Was wir heut zu Tage mathematische Hoffnung oder Erwartung und die Franzosen *espérance mathématique* heissen, wurde damals unter dem Ausdruck *sors* oder *lucrum* verstanden.

§. 25.

Die rechtmässige Vertheilung *) des Fonds des Spiels.

Ist einmal ein Spiel im Gange, und es kann aus irgend welchen Ursachen nicht beendet werden, so haben die Spieler kein Recht mehr, ihren Einsatz zurückzunehmen, sondern jeder Spieler ist durch den allgemeinen Rechtssinn gehalten, den ganzen Satz des Spiels in dem Verhältnisse der mathematischen Hoffnung des einzelnen Spielers zu vertheilen, als sie im Augenblicke des Sistirens war. Dieses Uebereinkommen ist so allgemein anerkannt, als wäre es zum wirklichen Gesetze erhoben. **) Wir wollen nun diese rechtmässige Vertheilung an einigen Beispielen zeigen.

Beispiele: 1) Der Spieler A wettet, mit einem Würfel 2 Mal nacheinander 6 zu werfen. A macht den ersten Wurf und wirft wirklich 6; sein Gegner verhindert ihn, den 2ten Wurf zu machen, und dringt auf Theilung des Satzes, wozu A nur 1 und sein Gegner 35 Thaler gelegt hatte. In welchem Verhältnisse sind die 36 Thaler zu vertheilen?

Nachdem A 1 Mal 6 geworfen hatte, braucht er nur noch 1 Mal 6 zu werfen, wofür er die Wahrscheinlichkeit $\frac{1}{6}$ hat, und das Spiel ist gewonnen. Der Werth seiner mathematischen Hoffnung ist daher

$$36 \cdot \frac{1}{6} = 6 \text{ Thaler}$$

und die des Gegners

$$36 \cdot \frac{5}{6} = 30 \text{ Thaler.}$$

A hat daher mit grösster Billigkeit 6 Thaler zu fordern.

---

*) Mit diesem Gegenstande beschäftigten sich fast gleichzeitig **Pascal, Fermat, Huygens, Leibnitz.**

) **Pascal gebraucht die Benennung *Compositio (sortis) aleae in ludis ipsi subjectis quod gallico nostro idiomate dicitur „faire les partis des jeux."* *Oeuvres de* **Pascal** tom. IV.

2) Zwei Spieler A und B setzten gleichviel zusammen mit der Bestimmung, dass derjenige das Spiel gewonnen habe, welcher zuerst 3 Parthien gewinne. Nachdem nun A 2 und B 1 Parthie gewonnen hatte, trennten sich die Spieler. In welchem Verhältniss ist der Satz des Spiels zu vertheilen?

A hat das Spiel gewonnen, wenn er entweder die nächste oder die zweitnächste Parthie gewinnt. Die nächste Parthie zu gewinnen hat er die Wahrscheinlichkeit $\frac{1}{2}$; die zweitnächste zu gewinnen, hat er die Wahrscheinlichkeit

$$\frac{1}{2} \cdot \frac{1}{2} = \frac{1}{4};$$

und weil er in beiden Fällen gewinnt, so ist seine Wahrscheinlichkeit das Spiel zu gewinnen

$$\frac{1}{2} + \frac{1}{4} = \frac{3}{4}.$$

Es hat daher A $\frac{3}{4}$ und B nur $\frac{1}{4}$ des Satzes zu erhalten.

3) Zwei Spieler A und B setzen gleichen Satz. Wer zuerst von ihnen 4 Parthien gewonnen hat, ist Eigenthümer des Satzes. Nachdem A 2 und B 1 Parthie gewonnen hatte, trennen sich die Spieler; in welchem Verhältnisse ist der Satz zu vertheilen?

Antw.   A erhält $\frac{11}{16}$ *)

B   „ $\frac{5}{16}$.

---

*) Es können höchstens noch 4 Spiele gespielt werden, bis das Spiel entschieden ist; man suche daher die Wahrscheinlichkeit, innerhalb 4 Spiele **wenigstens** 2 zu gewinnen, was vermittelst der Binomialformel durch

$$(p^4 + 4p^3q + 4p^2q^2)$$

ausgedrückt ist.

§. 26.

Das fortgesetzte gleichmässige Spiel.

Wir haben gesehen, dass ein Spiel zwischen A und B, deren Wahrscheinlichkeiten beziehungsweise p und q und deren Einsätze P und Q sind, nur dann gleichmässig ist, wenn

$$Qp = P.q \text{ oder}$$

was dasselbe ist,

$$Qp - P.q = 0$$

erfüllt ist. Wird aber das Spiel m Mal wiederholt, so bleibt zu erörtern, ob auch jetzt noch keiner der Spieler begünstiget wird. Unter dieser Voraussetzung können, wie wir mit Hilfe des Binomialtheorems gesehen haben, $(m+1)$ nach Gewinn und Verlust verschiedene Fälle zum Vorschein kommen; doch haben wir auch bemerkt, dass von all diesen Fällen jener der wahrscheinlichste ist, der durch das Maximum aller Glieder repräsentirt wird. Das Maximum haben wir dargestellt durch

$$M p^{mp} q^{mq},$$

worin für unsern Fall der Exponent mp anzeigt, wie oft A gewinnen wird; daraus entnehmen wir mit leichter Mühe den ganzen Gewinn und Verlust während m Spiele, vorausgesetzt, dass der Einsatz beiderseits jedes Mal P und Q war. Weil nun A jedes Mal Q gewinnt und P verliert, so ist

$$mpQ = \text{Gewinn}$$
$$mqP = \text{Verlust.}$$

Wollen wir daraus prüfen, ob das Ziel gleichmässig geblieben ist, so muss Gewinn und Verlust gleich sein, wie diess auch der Fall ist; denn wir haben

$$mpQ - mqP = m(pQ - qP),$$

und weil schon Anfangs

$$pQ - qP = 0$$

war, so muss auch

$$mpQ - mqP = 0$$

sein.

Wie wir schon bemerkt haben, ist dieses keine Gewissheit, sondern nur von allen Fällen der wahrscheinlichste.

§. 27.
Das fortgesetzte ungleichmässige Spiel.

Ist bei einem Spiele der eine Theil gegen den andern nur irgendwie begünstigt, was bekanntermassen bei allen öffentlichen Spielen, wie beim *Lotto, Roulette, Pharao* und andern Spielen der Fall ist, so kann die Ungleichheit beider Parteien durch Fortsetzung des Spiels auf eine enorme Höhe gesteigert werden.

Bezeichnen wir mit

Q den Satz des Gegners und mit

δ den Vortheil desselben,

so muss folgende Gleichung

$$p(Q+\delta) = qP$$

erfüllt sein; während nun der Spieler A als Werth seiner mathematischen Hoffnung

$$p(Q+\delta) = pQ + p\delta$$

haben sollte, hat er in der That nur

$$pQ$$

und der Werth $p\delta$ kommt dem Gegner zu Gute. Bei m maliger Wiederholung des Spieles ist von allen Fällen der wahrscheinlichste, dass A pm Mal gewonnen haben wird. Sein Gewinn würde bei gleichmässigem Spiele

$$pm(Q+\delta) = pmQ + pm\delta$$

betragen, beträgt aber in der That nur

$$pmQ$$

und hat auf diese Weise einen offenbaren Verlust

$$= pm\delta.$$

Wie gering auch δ sein mag, so verhindert nichts, dass m so gross wird, bis das Product

$$pm\delta$$

jede beliebige Höhe erreicht; und je grösser m wird, desto sicherer ist der Gewinn des Gegners, oder der Ruin des Spielers; und es dürfte nicht schwer sein, statistisch nachzuweisen, dass fast alle auf ehrliche Weise ruinirten Spieler nur durch solche Hazardspiele zu Grunde gerichtet wurden, wo die Bank gegen den Spieler im Vortheil war.

§. 28.
Bestimmung des Einsatzes oder Auswerthung der Erwartung aus dem Angebote des Gegners.

Ein besonderes Interesse für Jedermann dürfte die Erörterung haben, auf welche Weise sich der Werth eines Angebotes von Seite des Gegners ermitteln liesse, weil solche und ähnliche Fälle fast täglich vorkommen.

Beispiele: 1) Nehmen wir an, B fordert A auf, gegen eine Einlage von 4 Thaler mit ihm Würfel zu spielen, wogegen B dem A soviele Thaler auszahlen will, als A überhaupt mit 1 Würfel Augen wirft; so ist hier die Frage, ob A diese Aufforderung billigerweise annehmen kann?

A hat in diesem Falle 6 günstige Fälle, entweder wirft er 1, oder 2, oder 3 u. s. w.

Die Wahrscheinlichkeit, einen von diesen 6 Fällen zu haben, ist $\frac{1}{6}$. Der Werth seiner Hoffnung, entweder 1 oder 2 oder 3 u. s. w. Thaler zu gewinnen, ist demnach

$$\frac{1}{6}.1; \ \frac{1}{6}.2; \ \frac{1}{6}.3 \text{ u. s. w.}$$

Die Summe der 6 Werthe ist der Werth seiner Erwartung, welche wir fortan mit E bezeichnen wollen; demzufolge ist

$$E = \frac{1}{6}.1 + \frac{1}{6}.2 + \frac{1}{6}.3 + \frac{1}{6}.4 + \frac{1}{6}.5 + \frac{1}{6}.6$$
$$= \frac{1+2+3+4+5+6}{6} = 3\frac{1}{2} \text{ Thaler.}$$

Die Einlage des A ist also um $\frac{1}{2}$ Thlr. grösser als der Werth seiner Erwartung; und es ist somit A in offenbarem Nachtheil.

2) Eine Bank bietet dem Publikum 100 Loose à 18 fl. an, worunter sich 3 Treffer beziehungsweise von 1000, 500 und 100 fl. befinden. Wer ist hier im Vortheil? Wieviel ist ein Loos werth?

Offenbar die Bank; denn sie nimmt für 100 Loose 1800 fl. ein, und gibt nur 1600 fl. aus. Um nun den Werth eines Looses zu berechnen, ist die Wahrscheinlichkeit, 1000 fl. zu gewinnen, $\frac{1}{100}$; und der Werth der Erwartung

$$E = \frac{1}{100} \cdot 1000.$$

Ebenso ist die Erwartung, 500 und 100 fl. zu gewinnen, respective

$$\frac{1}{100} \cdot 500 \quad \text{und} \quad \frac{1}{100} \cdot 100,$$

daher der Gesammtwerth der Erwartung eines Looses

$$E = \frac{1}{100} \cdot 1000 + \frac{1}{100} \cdot 500 + \frac{1}{100} \cdot 100$$

$$= \frac{1}{100} (1000 + 500 + 100)$$

$$= 16 \text{ fl.}$$

Ein Loos hat einen Werth von nur 16 fl.; und die Bank hat $12\frac{1}{2}\%$ Vortheil [*]).

§. 29.
Der Vortheil der Vorhand. [**])

Schon in §. 17 beim 3. Beispiele haben wir einen hieher gehörigen Fall betrachtet, und gesehen, dass es ganz gleichgiltig ist, auf welchen Zug eine bestimmte Nummer erscheinen soll. Das Nämliche gilt von Folgendem:

Von m Personen besitzt jede 1 Loos, womit gewisse Gewinnste verbunden sind. Die Ordnung, in welcher jede Person zum Ziehen gelangt, wird durch das Loos entschieden.

---

[*]) Weitere Anwendung hievon siehe: **Dr. J. Albert Wildt**, Die öffentlichen Glücksspiele mit Einschluss der Lotterie-Anlehen oder Anleitung zur Berechnung der Spielwerthe. Fleischmann (Rohsold) München 1861. Abschnitt III. *Lotterie-Anlehen.*

[**]) Vergl. Abhandlungen der math.-physik. Klasse der kgl. bayr. Akademie der Wissenschaften im 2. Bd. des Jahres 1887.

Welche Wahrscheinlichkeit hat A, den höchsten Gewinn zu machen, wenn A den ersten oder sechsten Zug hat?

Die Wahrscheinlichkeit, den höchsten oder auch jeden andern bezeichneten Gewinn auf den ersten Zug zu machen, ist offenbar

$$p = \frac{1}{m};$$

jene, ihn auf den sechsten Zug zu machen, ist nach §. 17, 3. Beispiel

$$p = \frac{m-1}{m} \cdot \frac{m-2}{m-1} \cdot \frac{m-3}{m-2} \cdot \frac{m-4}{m-3} \cdot \frac{m-5}{m-4} \cdot \frac{1}{m-5}$$

$$p = \frac{1}{m}.$$

Jeder Spieler oder Loosinhaber hat daher beim Beginne der Ziehung gleiche Hoffnung. Dieses bleibt aber nur solange wahr, als, wie in den behandelten Beispielen geschehen ist, die gezogene Nummer oder Kugel nicht mehr mitspielt; im Gegentheile hat die Vorhand grossen Vortheil, wie wir an folgendem Beispiele zeigen wollen.

Beispiel. Von 3 Spielern A, B, C hat jener die Parthie gewonnen, welcher zuerst mit einem gewöhnlichen Würfel 6 Augen wirft. Welches ist nun die Wahrscheinlichkeit eines Jeden, das Spiel zu gewinnen, wenn A den 1sten, B den 2ten und C den 3ten Wurf hat, und alle 3 in derselben Ordnung fortspielen, bis das Spiel entschieden ist?

Die Wahrscheinlichkeit des A, auf den ersten Wurf das Spiel zu gewinnen, ist

$$\frac{1}{6},$$

die Wahrscheinlichkeit, dass B zum Wurfe kommen wird, ist

$$1 - \frac{1}{6} = \frac{5}{6},$$

und dass er 6 Augen wirft, ist

$$\frac{1}{6},$$

und die aus beiden Ereignissen zusammengesetzte Wahrscheinlichkeit, dass B das Spiel gewinnt, ist

$$\frac{5}{6} \cdot \frac{1}{6} = \frac{5}{6^2}.$$

Die Wahrscheinlichkeit, dass weder A noch B gewinnt, oder dass C überhaupt zum Spielen kommt, ist

$$1 - \frac{1}{6} - \frac{5}{6^2} = \frac{25}{6^2} = \frac{5^2}{6^2},$$

und dass er 6 wirft

$$\frac{1}{6};$$

die aus beiden zusammengesetzte Wahrscheinlichkeit, dass C das Spiel gewinnt, ist

$$\frac{5^2}{6^2} \cdot \frac{1}{6} = \frac{5^2}{6^3}.$$

Die Wahrscheinlichkeiten der 3 Spieler sind demnach für die erste Tour

$$A = \frac{1}{6}$$

$$B = \frac{5}{6^2}$$

$$C = \frac{5^2}{6^3}.$$

Die Unterschiede sind in die Augen springend. Hat nun Keiner von ihnen 6 geworfen, so spielen sie die zweite Tour, und zwar hat A den nächsten oder 4ten Wurf.

Die Wahrscheinlichkeit, dass A zum 4ten Wurf gelangt, ist

$$1 - \frac{1}{6} - \frac{5}{6^2} - \frac{5^2}{6^3} = \frac{5^3}{6^3},$$

und dass er 6 wirft

$$\frac{1}{6},$$

daher seine Wahrscheinlichkeit, das Spiel auf den 4ten Wurf zu gewinnen

$$\frac{5^3}{6^3} \cdot \frac{1}{6} = \frac{5^2}{6^4}.$$

Auf dieselbe Weise findet sich die Wahrschejnlichkeit, dass B auf den 5ten und C auf den 6ten Wurf das Spiel gewinnt, beziehungsweise

$$\frac{5^4}{6^5} \quad \text{und} \quad \frac{5^5}{6^6},$$

so dass die Wahrscheinlichkeiten der 3 Spieler für die zweite Tour sind

$$A = \frac{5^3}{6^4}$$

$$B = \frac{5^4}{6^5}$$

$$C = \frac{5^5}{6^6}.$$

Ist das Spiel auch dieses Mal noch nicht beendet, so spielen sie die dritte Tour und sofort, bis 1 Mal 6 geworfen ist. Das Gesetz, nach welchem die Wahrscheinlichkeit jedes Spielers fortschreitet, liegt klar vor Augen, sowie auch, dass die Vorhand in jeder Tour um ein Bedeutendes im Vortheil ist.

Nehmen wir nun an, das Spiel zieht sich bis auf n Touren in die Länge, so ist die Summe aller Wahrscheinlichkeiten des Spielers

$$A = \frac{1}{6} + \frac{5^3}{6^4} + \frac{5^6}{6^7} + \cdots + \frac{5^{3(n-1)}}{6^{3n-2}}$$

$$B = \frac{5}{6^2} + \frac{5^4}{6^5} + \frac{5^7}{6^8} + \cdots + \frac{5^{3n-2}}{6^{3n-1}}$$

$$C = \frac{5^2}{6^3} + \frac{5^5}{6^5} + \frac{5^8}{6^9} + \cdots + \frac{5^{3n-1}}{6^{3n}}$$

Diese 3 Summen stellen eine geometrische Progression dar, worin der constante Quotient zweier Nachbarglieder

$$\frac{5^3}{6^3}$$

ist; ziehen wir daher diese Glieder nach den Regeln

der geometrischen Progression zusammen, so erhalten
wir als Wahrscheinlichkeit, dass A innerhalb n Touren
das Spiel gewinnen wird

$$A = \frac{1}{6^{3n-4}} \cdot \frac{6^{3n-2}\, 5^{3n-2}}{6^3 - 5^3},$$

jene des B

$$B = \frac{5}{6^{3n-3}} \cdot \frac{6^{3n-2}\, 5^{3n-2}}{6^3 - 5^3}$$

und jene des C

$$C = \frac{5^2}{6^{3n-2}} \cdot \frac{6^{3n-2}\, 5^{3n-2}}{6^3 - 5^3}.$$

Bezeichnet man die Wahrscheinlichkeit des

$$A = p_n,$$

so stellt sich folgender einfache Zusammenhang heraus

$$A = p_n$$
$$B = \frac{5}{6} \cdot p_n = \frac{5}{6} A$$
$$C = \frac{5^2}{6^2} \cdot p_n = \frac{5}{6} B,$$

und man kann daraus den Vortheil der Vorhand mit
einem einzigen Blick beurtheilen. Dieser Vortheil
wird aber in der Regel dadurch wieder ausgeglichen,
dass jeder der Spieler die Vorhand der Reihe nach
erhält.

§. 30.
Die moralische Hoffnung oder der moralische Werth des Gewinnes und Verlustes.

Es ist wohl eine allgemein anerkannte Thatsache, dass
der Werth des Geldes, je nach der Person des Besitzers, ein
verschiedener ist. Ebenso ist die Wirkung des Gewinnes oder
Verlustes bei übrigens gleicher Summe in Ansehung der Person
eine höchst ungleiche. Einige gelehrte Forscher von bedeuten-
dem Rufe haben dieses Thema zum Gegenstand einer besonderen Untersuchung gewählt und sogar versucht, es dem Calcul *)

---

*) **Cournot** äussert sich am Schlusse des §. 51. V. Cap. seiner Wahr-

zu unterwerfen. Welches Verdienst und Vertrauen indess ein Calcul haben mag, der bei einer völlig subjectiven Auffassung die moralische Kraft und den Willen des Menschen zur Grundlage hat, dies zu schätzen möge Andern vorbehalten bleiben; wir unseres Theiles begnügen uns die Quellen zu citiren. *) Zum Schlusse geben wir noch seiner historischen Merkwürdigkeit wegen das sogenannte Petersburger Problem.

§. 31.
Das Petersburger Problem.

Im Kopf- und Wappenspiel verspricht Peter dem Paul 1 fl., wenn Wappen auf den ersten Wurf fällt, 2 fl. auf den zweiten, 4 auf den dritten u. s. w., bis endlich einmal Wappen fällt. Welchen Gegensatz **) hat nun Paul dem Peter zu machen, oder welches ist die mathematische Hoffnung des Paul?

Nach unsern bisher entwickelten Begriffen hat Paul die Wahrscheinlichkeiten

$$\frac{1}{2}, \; \frac{1}{4}, \; \frac{1}{8}, \; \frac{1}{16} \cdots \frac{1}{2^n}$$

zu gewinnen

$$1 \quad 2 \quad 4 \quad 8 \ldots \ldots 2^{n-1} \text{ fl.}$$

je nachdem Wappen fällt auf den

1ten, 2ten, 3ten, 4ten .... $n$ten

Wurf. Der Werth seiner mathematischen Hoffnung ist daher:

$$\frac{1}{2} + \frac{1}{4} \cdot 2 + \frac{1}{8} \cdot 4 + \frac{1}{16} \cdot 8 + \cdots + \frac{1}{2^n} \cdot 2^{n-1} = \frac{n}{2}.$$

---

scheinlichkeitsrechnung: „Man muss die Rechnung nicht missbrauchen, wenn man ihre Autorität in den Sachen bewahren will, welche wirklich in ihr Gebiet gehören, und überhaupt bringt man die logische Beweisführung, wovon der Calcul nur ein Zweig ist, in Misscredit, wenn man sie über den Kreis logischer Combinationen hinaus erstreckt.

*) **Buffon**, *Essais d'arithmétique morale*. — **Daniel Bernoulli**, *Specimen theoriae novae de mensura sortis*: Comm. Acad. Petrop. 1750. tom. V. pag. 175. — **Laplace**, *Essai philosophique sur les probabilités*. Paris 1816; übersetzt ins Deutsche von **Tönnies**. Heidelberg 1819.

**) Unter Gegensatz ist hier zu verstehen, dass Paul von der Summe, welche er dem Peter zu geben hat, bei Beendigung des Spieles Nichts zurückerhält.

Das ganze Problem wäre höchst einfach, wenn man wüsste, mit welchem Wurf das Spiel entschieden sein wird; da sich aber das Spiel bis ins Unendliche verlängern kann, so müsste Paul der Rechnung zufolge eine über alle Massen grosse Summe als Einsatz geben, während der simple Verstand schon nach einigen Würfen die Beendigung des Spieles erwartet. Es liegt also etwas Paradoxes in der Aufgabe, welches aufzuklären gar manche Mathematiker *) beschäftigte. Die Einen suchten mit dem moralischen Principe des Daniel Bernoulli zurecht zu kommen, die andern nahmen mit Kramer eine an Gewissheit gränzende Wahrscheinlichkeit $\left(\dfrac{9999}{10000}\right)$ und bestimmten daraus n die Anzahl der Würfe, deren letzter das Spiel entscheiden müsste.

Aber trotzdem blieb das Paradoxon immer noch ungelöst.

Poisson machte dagegen die Bemerkung, dass n schon desswegen nicht über eine gewisse Gränze wachsen dürfe, weil sonst Peter dem Paul die gewonnene Summe nicht zahlen könnte; Cournot ist dagegen und macht einen Vergleich mit der Lotterie de France. Den neuesten Beitrag dazu hat Oettinger in seiner Wahrscheinlichkeitsrechnung geliefert.

§. 32.
Die Zuverlässigkeit der richterlichen Urtheile.

In ebenso abenteuerlicher Weise, wie in §. 30, haben Condorcet, Laplace und Poisson die Urtheile richterlicher Collegien, d. h. die Wahrheit und Irrthümer derselben durch die Hilfsmittel der Wahrscheinlichkeitsrechnung festzustellen

---

*) Nicolas Bernoulli legte dieses Problem zuerst dem Herrn von Montmort vor, worüber Näheres in dessen *Essai d'analyse sur les jeux de hasard*. Paris 1713. Daniel Bernoulli, Petersburger Memoiren Tom. V. l. c. Laplace, *Théor. analyt. d. probab.* ed. 3. Lacroix, *Traité élémentaire du calcul de probabilité.* Paris 1816, deutsch von Unger. Erfurt 1818. Poisson, *Recherches sur la probabilité des jugemens en matière criminelle et en matière civile precédées des règles générales du calcul des probabilités*, deutsch von Schnuse. Braunschweig 1843. Dr. L. Oettinger, Die Wahrscheinlichkeits-Rechnung. Berlin 1852.

versucht. Wenn Laplace die votirenden Richter mit einer Handvoll Würfel vergleicht und ihr Urtheil nicht höher achtet als den Effect eines Wurfes mit Würfeln, so halten wir dies nicht blos für eine Beleidigung der Würde des Menschen und seines Schöpfers, sondern auch für einen Missbrauch der Rechnung selbst. Der Act des Denkens und Urtheilens ist mehr ein physisches Problem. Indem wir jede weitere Bemerkung unterdrücken, erwähnen wir das Urtheil geistreicher und competenter Richter. *)

III. Abschnitt.

Die Wahrscheinlichkeit aus Beobachtung, oder a posteriori.

§. 33.

Die Wahrscheinlichkeit der Hypothesen.

Gerade in den wichtigsten Fragen des socialen Lebens und dessen Erscheinungen sind wir am wenigsten fähig, die

---

*) *Encyclopédie du dix-neuvième siècle*, tom. XX. art. probabilités finden wir eine Aeusserung von **Poinsot:**

Cette manière de procéder par voie de calcul est une veritable aberration de l'esprit, une fausse application de la science qui ne serait propre qu'à la discréditer. Eben da von **Moigno:**

Napoleon ein enthusiastischer Verehrer von Laplace meinte, letzterer müsse aufs Tiefste vom Dasein Gottes überzeugt sein. „Sire, repondit l'orgueilleux géomètre, jamais, pour expliquer les mouvements des corps célestes et les grandes lois de la nature, je n'ai eu besoin de recourir à la hypothèse de l'existence d'un Dieu." Et c'est pour se confirmer dans ses persuasions factices que Laplace entreprit les audacieux calculs de sa Théorie des probabilités et qu'il osa même assigner aux astres, à la lune p. e., une position differente de celle que, dans son infinie sagesse, le Créateur leur avait fixée. Il s'exposait à recevoir d'un de ses élèves le dementi le plus écrasant. ....

Laplace et Poisson, en suivant les traces de Condorcet, ont voulu sous mettre au calcul l'opinion des juges dans un tribunal.....

Or nous le demandons quelle confiance peut donner cette application du calcul aux décisions des tribunaux: est-il un homme de bon sens qui ne repugne à considérer des hommes libres comme autant de dés dont chacun a plusieurs faces, les unes pour l'erreur, les autres pour la verité?

Ursachen der Ereignisse zu erkennen und ihre fortlaufenden Wirkungen im Voraus zu bestimmen. Und so sind wir genöthigt, auf empirischem Wege, aus einer Summe von Erscheinungen annäherungsweise das Gesetz zu erkennen, nach welchem sie sich zu wiederholen scheinen. Je öfter ein Ereigniss beobachtet worden ist, um desto sicherer lässt sich die Ursache und daraus das Gesetz der Wiederholung erkennen.

Ist nun ein Ereigniss A mehrmals etwa m Mal eingetroffen, so werden wir mehrere Annahmen machen müssen, welches die günstigen und ungünstigen Fälle dieses Ereignisses sein könnten; aber jede Annahme oder Hypothese wird sich von einer andern durch einen grösseren oder geringeren Grad von Wahrscheinlichkeit unterscheiden und es wird unsere erste Aufgabe sein, den Grad der Wahrscheinlichkeit der Hypothese zu bestimmen, vermöge welcher wir die absolute Wahrscheinlichkeit irgend eines Ereignisses selbst erschliessen oder voraussetzen.

Zur näheren Fixirung und leichteren Auseinanderhaltung der Begriffe behandeln wir, um allmählig zu einer complicirteren Anschauung aufzusteigen, folgenden einfachen Fall:

Beispiele: 1) In einer Urne befinden sich 4 Kugeln von weisser und schwarzer Farbe. In 4 Zügen, wobei jede gezogene Kugel wieder in die Urne zurückgelegt wurde, kamen 3 weisse und 1 schwarze Kugel zum Vorschein. Nun ist die Frage, wieviel weisse und schwarze Kugeln enthält die Urne?

Der Inhalt der Urne mag beschaffen sein, wie er will, so sind doch nur folgende 3 Annahmen oder Hypothesen möglich:

1) 3 weisse, 1 schwarze Kugel
2) 2   „   2   „   „
1) 1   „   3   „   „

Aus jeder dieser 3 Hypothesen resultirt eine andere absolute Wahrscheinlichkeit, eine weisse oder schwarze Kugel aus der Urne zu ziehen.

Bezeichnen wir, wie früher mit

p die Wahrscheinlichkeit eine weisse

q „ „ „ schwarze

Kugel aus der Urne zu ziehen, so ist nach der ersten Hypothese

$$p = \frac{3}{4} \text{ und } q = \frac{1}{4}$$

nach der zweiten $p = \frac{2}{4}$; $q = \frac{2}{4}$

„ „ dritten $p = \frac{1}{4}$; $q = \frac{3}{4}$,

so dass wir folgende Zusammenstellung haben:

3 weisse 1 schwarze Kugel: $p = \frac{3}{4}$; $q = \frac{1}{4}$

2 „ 2 „ „ $p = \frac{2}{4}$; $q = \frac{2}{4}$

1 „ 3 „ „ $p = \frac{1}{4}$; $q = \frac{3}{4}$.

Um aber diese 3 Hypothesen unter einander zu vergleichen und daraus den Grad ihrer respectiven Wahrscheinlichkeit zu prüfen, bilden wir willkührlich ein zusammengesetztes Ereigniss und zwar fragen wir:

2) Welches ist die aus jeder Hypothese resultirende Wahrscheinlichkeit, dass aus obiger Urne in 4 Zügen 3 weisse und 1 schwarze Kugel gezogen werden?

Nach §. 18 ist die gesuchte Wahrscheinlichkeit allgemein ausgedrückt durch

$$4p^3q;$$

wir haben nun

$$4p^3q = \frac{27}{64} \text{ aus der ersten Hypothese,}$$

$$4p^3q = \frac{16}{64} \text{ aus der zweiten Hypothese,}$$

$$4p^3q = \frac{3}{64} \text{ aus der dritten Hypothese.}$$

Nach §. 16 können wir sogleich das Verhalten der Hypothesen untereinander beurtheilen, indem wir uns die Frage beantworten:

3) Welches ist die Wahrscheinlichkeit, dass die erste Hypothese lieber zutreffe, als die andern beiden?

Wir haben unmittelbar nach §. 16

$$\frac{\frac{27}{64}}{\frac{27}{64} + \frac{16}{64} + \frac{3}{64}} = \frac{27}{46};$$

ebenso für die zweite und dritte Hypothese

$$\frac{16}{46} \quad \text{und} \quad \frac{3}{46};$$

und wir können folgende Zusammenstellung machen:

$$\frac{27}{46} : \frac{16}{46} : \frac{3}{46} = \frac{27}{64} : \frac{16}{64} : \frac{3}{64};$$

d. h. **die Wahrscheinlichkeiten der Hypothesen verhalten sich zu einander, wie die aus ihnen resultirenden absoluten Wahrscheinlichkeiten der Ereignisse.** *)

Diejenige Hypothese ist demnach von allen die wahrscheinlichste, welche die grösste Wahrscheinlichkeit für das Eintreffen eines bezeichneten Ereignisses zur Folge hat.

Das bisherige Ergebniss dieses Paragraphs können wir nun in folgende völlig allgemeine kurze Betrachtung zusammenfassen.

Ist irgend ein Ereigniss A m Mal beobachtet worden, und bezeichnen wir mit

$$h, \; h', \; h'', \; h''' \ldots.$$

*) Dem englischen Geometer **Bayes** wird folgender Satz zugeschrieben, welcher enthalten ist in *Phil. Transact.* 1763, pag. 370: „Die Wahr-„scheinlichkeiten der Ursachen (oder Hypothesen) sind den Wahrschein-„lichkeiten proportional, welche diese Hypothesen für die beobachteten „Ereignisse geben. Die Wahrscheinlichkeit einer der Hypothesen ist „ein Bruch, dessen Zähler die aus der Hypothese folgende Wahrschein-„lichkeit des Ereignisses, und dessen Nenner die Summe der Wahr-„scheinlichkeiten ist, welche sich aus sämmtlichen Hypothesen ergeben.“

den Grad der Wahrscheinlichkeit der Hypothesen, durch welche wir die muthmassliche Anzahl der günstigen und ungünstigen Fälle des Ereignisses festsetzen; ferner durch

$$P, P', P'', P''' \ldots$$

die aus den Hypothesen resultirenden Wahrscheinlichkeiten, dass ein Ereigniss eintreffe, so haben wir (h) nach §. 16 als Grad der relativen Wahrscheinlichkeit, dass eine Hypothese lieber zutreffe, als alle anderen, ausgedrückt durch

(1)
$$\begin{cases} h = \dfrac{P}{P+P'+P''+P'''+\cdots} \\ h' = \dfrac{P'}{P+P'+P''+P'''+\cdots} \end{cases}$$

u. s. w., woraus weiter folgt

$$h : h' = P : P' \, ..$$

Der Sinn dieser Proportion wurde schon oben ausgesprochen.

§. 34.

Die Wahrscheinlichkeit kommender Ereignisse, begründet auf Hypothesen.

In dem vorigen § haben wir gefunden, dass die Wahrscheinlichkeit h, dass die Urne 3 weisse und 1 schwarze Kugel enthalte, ist

$$h = \frac{27}{46},$$

jene h', dass sie 2 weisse und 2 schwarze enthalte

$$h' = \frac{16}{46},$$

jene h'', dass sie 1 weise und 3 schwarze enthalte

$$h'' = \frac{3}{46}.$$

Nachdem wir dieses festgesetzt haben, stellen wir die Frage:

> **Beispiel:** Welches ist die Wahrscheinlichkeit, dass bei dem 5ten Versuche eine weisse Kugel aus der Urne gezogen werde?

Enthält nun die Urne wirklich 3 weisse und 1 schwarze Kugel, so ist die gesuchte Wahrscheinlichkeit

$$\frac{3}{4};$$

weil aber diese Voraussetzung nicht gewiss ist, sondern eine Wahrscheinlichkeit gleich

$$\frac{27}{46}$$

hat, so ist die aus beiden zusammengesetzte Wahrscheinlichkeit

$$\frac{27}{46} \cdot \frac{3}{4}$$

Nehmen wir weiter an, die Urne enthalte 2 weisse und 2 schwarze Kugeln, so ist die Wahrscheinlichkeit, eine weisse zu ziehen

$$\frac{16}{46} \cdot \frac{2}{4};$$

und endlich jene, welche der dritten Hypothese entspricht

$$\frac{3}{16} \cdot \frac{1}{4}.$$

Nach dem in §. 15 entwickelten Theoreme haben wir die 3 so eben gefundenen Wahrscheinlichkeiten zu summiren, um die gesuchte Wahrscheinlichkeit zu erhalten; sie ist demnach

$$\frac{27}{46} \cdot \frac{3}{4} + \frac{16}{46} \cdot \frac{2}{4} + \frac{3}{46} \cdot \frac{1}{4} = \frac{29}{46};$$

als entgegengesetzte Wahrscheinlichkeit ergibt sich ganz analog

$$\frac{27}{46} \cdot \frac{1}{4} + \frac{16}{46} \cdot \frac{2}{4} + \frac{3}{46} \cdot \frac{3}{4} = \frac{17}{46};$$

woraus

$$\frac{29}{46} + \frac{17}{46} = 1$$

ist, wie es sein muss, weil nothwendig entweder 1 weisse oder schwarze Kugel zum Vorschein kommen muss.

Nach der schon gewählten Bezeichnung ist

$$h = \frac{27}{46}; \; p = \frac{3}{4}$$

$$h' = \frac{16}{46}; \; p' = \frac{2}{4}$$

$$h'' = \frac{3}{46}; \; p'' = \frac{1}{4},$$

so dass wir die gesuchte Wahrscheinlichkeit allgemein durch

(2) $\qquad h p + h' p' + h'' p'' + \ldots$

ausdrücken und folgende Regel aufstellen können:

„Die Wahrscheinlichkeit eines kommenden Er-
„eignisses ist die Summe der Producte aus je
„einer aller möglichen Hypothesen und der ihr
„zu Grunde gelegten einfachen Wahrscheinlich-
„keit des erwarteten Ereignisses, welche Hypo-
„thesen aus den schon beobachteten Ereignissen
„gebildet werden."

§. 35.
Die Wahrscheinlichkeit der Naturereignisse.

Mit Hilfe der 2 in den vorigen beiden §§ aufgestellten Fundamentalsätze können wir nun in das Reich der Natur selbst übertreten; aber dieses Mal ist es wohl unmöglich, ein kleines Stück Integralrechnung zu umgehen.

Von zwei sich gegenseitig ausschliessenden Ereignissen A und B sei das eine m, das andere n Mal beobachtet worden, so haben wir alle Hypothesen zu machen, welches die einfache Wahrscheinlichkeit des Ereignisses A sein wird. Heissen wir die uns gänzlich unbekannte einfache Wahrscheinlichkeit des Ereignisses A

$$p = x,$$

so ist $\qquad q = 1 - x$

jene des Ereignisses B. Während nun x alle möglichen Werthe

von $x = 0$ bis $x = 1$

haben kann, wird B alle Werthe

$$\text{von } x = \text{bis } 1 \ x = 0$$

haben müssen. Welches aber auch der wahre Werth von x sein mag, die aus $m+n$ beobachteten Ereignissen zusammengesetzte Wahrscheinlichkeit muss nach §. 18 den Ausdruck haben

$$k\,x^m\,(1-x)^n = k\,p^m\,q^n,$$

worin $\ k = \dfrac{(m+n)\,(m+n-1)........(m+1)}{1.2....n}$

eine bekannte Grösse ist.

Wir haben nun nach der Bezeichnung der letzten zwei §§

$$p = x \text{ und } P = k\,x^m\,(1-x)^n,$$

$$h = \frac{P}{P+P'+P''+...}.$$

Die Grössen

$$P, \ P', \ P''...$$

ergeben sich dadurch, dass wir x alle möglichen Werthe durchlaufen lassen; bezeichnen wir sie mit

$$x, \ x', \ x'', \ x'''...,$$

so haben wir einerseits

$$P = k\,x^m\,(1-x)^n$$
$$P' = k\,x'^m\,(1-x')^n$$
$$P'' = k\,x''^m\,(1-x'')^n$$
$$\cdot \ \cdot \ \cdot \ \cdot \ \cdot \ \cdot \ \cdot \ \cdot \ \cdot$$

anderseits

$$h = \frac{P}{P+P'+P''+...}$$

$$h' = \frac{P'}{P+P'+P''+...}$$

u. s. w.

Indem wir nun x alle möglichen Werthe von

$$x = 0 \text{ bis } x = 1$$

durchlaufen lassen, und zur Abkürzung

$$k\,x^m\,(1-x)^n + k\,x'^m\,(1-x')^n + k\,x''^m\,(1-x'')^n + ...$$
$$= S\,[\,k\,x^m\,(1-x)^n\,]$$

setzen, haben wir als Grad der Wahrscheinlichkeit der Hypothese h

$$h = \frac{k\, x^m (1-x)^n}{S\,[\,k\,x^m\,(1-x)^n\,]} = \frac{x^m (1-x)^n}{S\,[\,x^m\,(1-x)^n\,]}.$$

Indem aber x unendliche kleine Intervalle zu durchlaufen hat, kommen wir unwillkührlich auf den Begriff des bestimmten Integrals, und wir haben, wenn wir zuvor Zähler und Nenner mit

$$dx$$

multipliciren,

(3)
$$h = \frac{x^m (1-x)^n\, dx}{\int_0^1 x^m (1-x)^n\, dx}$$

als Ausdruck der Wahrscheinlichkeit einer bestimmten Hypothese h, welche bestimmt, dass

$$p = x$$

die einfache Wahrscheinlichkeit des m Mal beobachteten Ereignisses sei.

Da wir durch die Gleichung (3) in den Stand gesetzt sind, den Grad der Wahrscheinlichkeit aller Hypothesen zu ermitteln, hält es auch nicht mehr schwer, die Wahrscheinlichkeiten zu bestimmen, dass die $(m+n)$ Mal beobachteten Ereignisse A und B nach diesen Beobachtungen in irgend einer bestimmten Anzahl eintreffen werden. Nehmen wir von allen den einfachsten Fall, und suchen die Wahrscheinlichkeit, dass das nächste Mal das Ereigniss A eintreffen werde.

Diese Wahrscheinlichkeit haben wir schon im §. 33 angegeben durch

$$hp + h'p' + h''p'' + \ldots\ldots,$$

und wir haben weiter Nichts zu thun als der Reihe nach

$$p = x,\ p' = x',\ p'' = x'' \ldots$$

zu setzen und die dadurch nach (3) bestimmten Werthe von h zu substituiren. Betrachten wir in der Gl. (3), da der Nenner einen unveränderlichen (constanten) Werth hat, den Zähler für sich allein, so haben wir folgende Werthe

$$x^m (1-x)^n\, dx,\ x'^m (1-x')^n\, dx,\ x''^m (1-x'')^n\, dx \ldots$$

der Reihe nach mit $x,\ x',\ x'' \ldots$

zu multipliciren, wodurch wir

$$x^{m+1}(1-x)^n\,dx,\ x'^{m+1}(1-x')^n\,dx,\ x''^{m+1}(1-x'')^n\,dx\ldots$$

erhalten. Wollen wir diese Glieder summiren, so haben wir nach dem Begriff des bestimmten Integrals die ganze Summe ausgedrückt durch

$$\int_0^1 x^{m+1}(1-x)^n\,dx,$$

und die gesuchte Wahrscheinlichkeit

$$kp + k'p' + k''p'' + \cdots.$$

ist nun dargestellt durch

$$\frac{\int_0^1 x^{m+1}(1-x)^n\,dx\,*)}{\int_0^1 x^m(1-x)^n\,dx}.$$

Die Auswerthung dieses Integrals hat weiter keine Schwierigkeit mehr und ist in jedem Handbuch der Integralrechnung zu finden. Der Werth dieses Integrals ist nun

$$(4) \qquad \frac{\int_0^1 x^{m+1}(1-x)^n\,dx}{\int_0^1 x^m(1-x)^n\,dx} = \frac{m+1}{m+n+2}.$$

Daraus ergibt sich sogleich die entgegengesetzte Wahrscheinlichkeit, dass nicht A, sondern B das nächste Mal eintreffen werde

$$1 - \frac{m+1}{m+n+2} = \frac{n+1}{m+n+2}.$$

---

*) Ein Integral von der Form

$$\int_0^1 x^m(1-x)^n\,dx$$

pflegt in der *Analysis* „Euler'sches Integral" nach dem grossen Analysten **Euler** benannt zu werden.

§ 36.

Fortsetzung.

Nachdem wir den einfachsten Fall von allen behandelt haben, können wir uns auch folgenden complicirteren Fall vorlegen.

Von zwei Ereignissen A und B wurde das eine m und das andere n Mal beobachtet. Welches ist nun die Wahrscheinlichkeit, dass darauf A r Mal und B s Mal eintreffen werde?

Setzen wir wieder die einfache Wahrscheinlichkeit von A und B

$$p = x \text{ und } q = 1 - x,$$

so haben wir nach §. 18

$$k\, p^r q^s = k\, x^r (1-x)^s,$$

worin

$$k = \frac{(r+s)(r+s-1)\ldots(r+1)}{1.2.3\ldots s}$$

eine bekannte Grösse ist, als Ausdruck der gesuchten Wahrscheinlichkeit unter Voraussetzung, dass x schon wirklich bestimmt ist. Da aber im Gegentheil die unbekannte x alle Werthe

$$\text{von } x = 0 \text{ bis } x = 1$$

haben kann, und jeder für x gewählte Werth einen Grad von Wahrscheinlichkeit §. (34)

$$h = \frac{x^m (1-x)^n\, dx}{\int_0^1 x^m (1-x)^n\, dx}$$

hat, so haben wir nach dem Principe der zusammengesetzten Wahrscheinlichkeit

$$h\, k\, x^r (1-x)^s = k\, x^r (1-x)^s \cdot \frac{x^m (1-x)^n\, dx}{\int_0^1 x^m (1-x)^n\, dx}$$

als Ausdruck der gesuchten Wahrschelnlichkeit für eine bestimmte Hypothese h. Endlich haben wir alle möglichen Hypothesen zu machen und die daraus resultirenden Wahrscheinlichkeiten nach §. 33. Gl. (2) zu summiren; die hiedurch entstehende Summe verwandelt sich wie in dem vorigen § in ein bestimmtes Integral, wodurch wir

$$(5) \qquad \int_0^1 h\,k\,p^r\,q^s = k\,\frac{\displaystyle\int_0^1 x^{m+r}\,(1-x)^{n+s}\,dx}{\displaystyle\int_0^1 x^m\,(1-x)^n\,dx}$$

als vollständigen Ausdruck der gesuchten Wahrscheinlichkeit erhalten.

Indem wir nun die Auswerthung der rechten Seite dieser Gleichung vornehmen, bestimmen wir der Einfachheit wegen
$$r = 2 \text{ und } q = 1,$$
dann haben wir

$$k\,\frac{\displaystyle\int_0^1 x^{m+2}(1-x)^{n+1}\,dx}{\displaystyle\int_0^1 x^m\,(1-x)^n\,dx} = 3\,\frac{(m+1)(m+2)(n+1)}{(m+n+2)(m+n+3)(m+n+4)};$$

je grösser m und n sind, desto mehr strebt dieses Resultat in
$$\frac{3\,m^2 n}{(m+n)^3}$$
überzugehen, was uns zu verstehen gibt, dass wir um so mehr
$$x = \frac{m}{m+n} \text{ und } 1-x = \frac{n}{m+n}$$
als einfache Wahrscheinlichkeit der Ereignisse A und B annehmen dürfen, je grösser die Anzahl der Beobachtungen ist.

§. 37.
Wahrscheinlichkeit der Hypothese innerhalb bestimmter Grenzen.

Sind die Ereignisse A und B, welche wir im vorigen § betrachtet haben, solche, dass die dem A zukommende Wahrscheinlichkeit x, wenn auch unbekannt, aber doch während der Zeit der Untersuchung als unveränderlich betrachtet

werden darf, so können wir auch sagen, dass die wahrschein-
lichsten Werthe

$$x = \frac{m}{m+n} \text{ und } 1-x = \frac{n}{m+n}$$

in der That zu klein oder zu gross sein werden. Bezeichnen
wir den Unterschied mit l, so wird der wahre Werth von x
zwischen

$$\frac{m}{m+n} - l = a \text{ und } \frac{m}{m+n} + l = b$$

eingeschlossen sein. Dieser Einschluss in bestimmte Grenzen
kann aber nur dann eine Bedeutung haben, wenn wir zugleich
ein Maass der Zuverlässigkeit uns verschaffen oder mit andern
Worten, wenn wir gewiss sein können, dass l eine sehr kleine
Grösse ist, so dass a und b nahezu einander gleich werden.
Um dieses Kriterium zu gewinnen, müssen wir wieder zurück-
kommen, dass überhaupt jedem Werthe von x eine Zuverlässigkeit zukommt, welche durch

$$h = \frac{x^m (1-x)^n \, dx}{\int_0^1 x^m (1-x)^n \, dx}$$

ausgedrückt ist. Indem wir aber dem x einen Spielraum von
$x = a$ bis $x = b$ einräumen, erhalten wir als Grad der Wahrscheinlichkeit, dass der wahre Werth der Unbekannten x innerhalb dieser Grenzen sich befindet

(1) $$\Pi = \frac{\int_a^b x^m (1-x)^n \, dx}{\int_0^1 x^m (1-x)^n \, dx}.$$

Dieses Integral lässt sich noch vermittelst geschickter Sub-
stitutionen, welche aber nur für den mit der Integralrechnung
Vertrauten verständlich sind, auf eine sehr elegante Form
bringen; es wird nämlich, wenn wir nur das Resultat im Auge
haben

(2) $$\Pi = \frac{2}{\sqrt{\pi}} \int_0^t e^{-t^2} \, dt,$$

worin
$$t = l\,(m+n)\,\sqrt{\tfrac{m+n}{2\,m.\,n}}$$

eine von der Grösse l und von der Anzahl der Beobachtungen abhängige Grösse ist. Daraus lässt sich nun jedesmal der Grad der Wahrscheinlichkeit berechnen, wie weit der höchst wahrscheinliche Werth

$$x = \frac{m}{m+n}$$

von seinem wahren Werthe innerhalb gegebener Grenzen entfernt sein mag.

Zu demselben Resultate gelangen wir auch, wenn wir in der §. 22 aufgestellten Gleichung der Wahrscheinlichkeits-Curve

$$y = \frac{h}{\sqrt{\pi}}\,e^{-h^2 x^2}$$

der Grösse x die Grenzen von

$$x = -\,a \text{ bis } x = +\,a$$

einräumen. Die dieser Annahme entsprechende Wahrscheinlichkeit ist ausgedrückt durch

$$\Pi = \frac{h}{\sqrt{\pi}}\int_{-a}^{+a} e^{-h^2 x^2}dx = \frac{2h}{\sqrt{\pi}}\int_{0}^{a} e^{-h^2 x^2}dx$$

oder wenn wir

$$hx = t$$

substituiren, geht voriger Werth über in

(3). $$\Pi = \frac{2}{\sqrt{\pi}}\int_{0}^{ah} e^{-t^2}dt.$$

Soll nun Gleichung (2) mit (3) identisch sein, so muss

(4) $$ah = l\,(m+n)\,\sqrt{\tfrac{m+n}{2\,mn}}$$

erfüllt sein. Das Maass der Präcision (h) heissen die französischen Schriftsteller Convergenz-Modulus (module de convergence). Die darauf hinauslaufende Theorie, dass man die Grenzen, innerhalb welcher die Unbekannte x sich bewegt, so eng machen kann, als man nur will, bildet das Princip des Jacob Bernoulli.

Anhang.

Sämmtliche berechnete Beispiele.

Combinationen, Variationen, Permutationen.

1) Zwei Spieler A und B spielen mit einer Karte von 32 Blättern; jeder Spieler erhält jedesmal 6 Blätter. Es ist nun die Frage: 1) Wieviel verschiedene Spiele kann A erhalten? 2) Wieviel verschiedene Spiele lassen sich unter A und B austheilen? Seite 9.

2) Wieviel verschiedene Spiele kann A im Tarokspiele erhalten? S. 10.

3) Wieviel 4 ziffrige Zahlen lassen sich aus den einfachen Zahlen von 1 bis 9 incl. bilden? S. 10.

4) Wieviele Wörter lassen sich aus 12 Buchstaben bilden, wenn jedes Wort aus 5 Buchstaben besteht, vorausgesetzt, dass darauf nicht Rücksicht genommen wird, ob sie mit dem Sprachgebrauche übereinstimmen oder nicht. S. 10.

5) Jemand besitzt 5 Anzüge, jeden Anzug von einer andern Farbe, den einzelnen Anzug (Rock, Gilet, Beinkleid) gleichförmig, so dass er sich 5 mal in verschiedene Farben, jedesmal einfarbig kleiden kann. Wie oft kann er sich 3 farbig kleiden? S. 11.

6) Wieviel Anzüge, jeden Anzug von einer andern Farbe, müsste er haben, um an jedem Tage des Jahres auf eine andere Weise 3 farbig ausgehen zu können? S. 11.

7) Wie oft können 4 Personen Platz tauschen? S. 12.

8) Wenn A und B mit einer Karte aus 32 Blättern spielen, und jeder Spieler 6 Blätter erhält, so kann A überhaupt

nur 906192 verschiedene Spiele erhalten. *) Wieviele Spiele werden darunter sein, in denen er 1) 6 Blätter Herz, 2) 2 Blätter Herz und 3) gar kein Blatt Herz erhalten hat? S. 14.

9) Aus 7 Buchstaben, worunter auch a, b, c sind, lassen sich 840 Wörter bilden, deren jedes aus 4 Buchstaben besteht. Wieviele Wörter beginnen 1) mit einem, 2) mit zwei von den 3 Buchstaben a, b, c? S. 15.

10) Von 4 Buchstaben, worunter auch a und b, nimmt man je 3 Buchstaben zu einem Worte. Wieviele Wörter enthalten 1) a und 2) a und b nebeneinander? S. 16.

11) Wieviele von allen 5 ziffrigen Zahlen, welche sich aus den einfachen Zahlen 1 bis 9 incl. bilden lassen, enthalten die Ziffer 1, 3 und 5 nebeneinander? S. 16.

12) Aus 6 Buchstaben, worunter auch a und b, werden alle möglichen Wörter, jedes Wort aus 4 Buchstaben gebildet. Wieviele Wörter enthalten a und b zugleich? S. 17.

13) Wieviele 5 ziffrige Zahlen lassen sich aus zwei bestimmten Ziffern, etwa aus 3 und 5 bilden, worin die Ziffer 3 sich 2 mal und 5 sich 3 mal wiederholt? S. 19.

14) Wieviel gibt es 6 ziffrige Zahlen, mit denen die Ziffer 4 sich 2 mal, die 9 sich 3 mal wiederholt, während die 5 nur 1 mal in jeder Zahl vorkommt? S. 20.

15) Wieviele 3 ziffrige Zahlen lassen sich aus den 9 einfachen Ziffern bilden? S. 21.

16) Jemand wirft mit zwei gewöhnlichen Würfeln. Wieviele verschiedene Würfe kann er machen? S. 22.

17) Wieviele verschiedene Würfe sind mit 3 Würfeln zu machen? S. 22.

Wahrscheinlichkeit aus Gründen oder a priori.

18) Welches ist die Wahrscheinlichkeit, mit 2 Würfeln entweder 7 oder 8 Augen (*points*) zu werfen? S. 24.

19) Welches ist die Wahrscheinlichkeit, dass der Spieler A im Piquetspiel entweder die 4 Ass, oder eine Quart,

---

*) Siehe Beispiel 1.

d. h. 4 Blätter von gleicher Farbe ohne Lücke der Rangordnung, erhält? S. 24.

20) Welches ist die Wahrscheinlichkeit, eher 7 als 4 Augen mit 2 Würfeln zu werfen? S. 26.

21) Welches ist die Wahrscheinlichkeit, aus einem Kartenspiele von 32 Blättern auf den ersten Griff eine Ass und auf den zweiten eine von den 4 Damen zu ziehen? S. 29.

22) In einer Urne (Glückshafen) befinden sich 90 Nummern, von 1 bis 90 incl., woraus bei jeder Ziehung 5 Nummern gezogen werden. Welches ist die Wahrscheinlichkeit, dass 5 bestimmte Nummern gezogen werden ohne Rücksicht auf die Ordnung, in der sie aufeinanderfolgen? S. 30.

23) Welches ist die Wahrscheinlichkeit, dass unter 90 Nummern eine bestimmte Nummer auf den 5ten Zug gezogen werde? S. 31.

24) Unter 5 Nummern, die aus 90 Nummern gezogen werden, besetzt Jemand 3 Nummern und zwar jede Nummer auf einen bestimmten Zug. Welches ist die Wahrscheinlichkeit, diese bestimmte Terne zu machen? S. 32.

25) Man soll die Wahrscheinlichkeit bestimmen, im Kopf- und Wappen-Spiel in 8 Versuchen 5 mal Kopf und 3 mal Wappe zu werfen. S. 36.

26) Welches ist die Wahrscheinlichkeit, mit einem Würfel innerhalb 3 Würfen gerade einmal 6 Augen zu werfen? S. 37.

27) Welches ist die Wahrscheinlichkeit, mit einem Würfel innerhalb 5 Würfen wenigstens zweimal 6 Augen zu werfen? S. 37.

28) Welches ist die Wahrscheinlichkeit, mit einer Münze, deren Seiten (*Avers* und *Revers*) wir mit A und B bezeichnen wollen, in 2 Würfen wenigstens einmal die Seite A zu werfen? S. 38.

29) Wie oft muss A mit einem Würfel werfen, damit er die Wahrscheinlichkeit $\frac{1}{2}$ hat, wenigstens einmal 6 Augen zu werfen? S. 38.

30) Wie oft muss man mit 2 Würfeln werfen, um die Wahrscheinlichkeit $\frac{1}{2}$ zu haben, wenigstens einmal einen Pasch (*sonnez*), die 2 Sechser zugleich, zu werfen? S. 40.

31) Nehmen wir an, in einer Urne befinden sich ebensoviel weisse als schwarze Kugeln. Welches ist nun die Wahrscheinlichkeit, in 1000 Zügen 500 weisse und ebensoviele schwarze Kugeln zu ziehen, wenn jede gezogene Kugel wieder in die Urne gelegt wird? S. 47.

32) Welches ist unter der im vorhergehenden Beispiele bestimmten Annahme die Wahrscheinlichkeit, in 1000 Zügen 600 weisse und 400 schwarze Kugeln zu ziehen? S. 48.

33) In einer Urne befinden sich gleichviel schwarze und weisse Kugeln. Welches ist die Wahrscheinlichkeit, 9 weisse und 9 schwarze Kugeln in 18 Zügen daraus zu ziehen, wenn jede gezogene Kugel wieder in die Urne gelegt wird? S. 49.

34) Eine Urne enthält a weisse und b schwarze Kugeln. Welches ist die Wahrscheinlichkeit, 2 mal eine weisse und das dritte Mal 1 schwarze Kugel zu ziehen, wenn die jedesmal gezogene Kugel nicht mehr in die Urne zurückkommt? S. 50.

35) Welches ist die Wahrscheinlichkeit, aus einer Urne, welche a weisse und b schwarze Kugeln enthält, in 3 Zügen wenigstens 1 weisse Kugel zu ziehen, wenn die jedes Mal gezogene Kugel nicht mehr in die Urne kommt? S. 50.

36) Der Spieler A wettet, mit einem Würfel 2 mal nacheinander 6 Augen zu werfen. A macht den ersten Wurf und wirft wirklich 6; sein Gegner verhindert ihn, den zweiten Wurf zu machen, und dringt auf Theilung des Satzes, wozu A nur 1 und sein Gegner 35 Thaler gelegt hatte. In welchem Verhältnisse sind die 36 Thaler zu vertheilen? S. 53.

37) Zwei Spieler A und B setzen gleichviel zusammen mit der Bestimmung, dass derjenige das Spiel gewonnen habe,

welcher zuerst 3 Partien gewinne. Nachdem nun A 2 und B 1 Partie gewonnen hatte, trennten sich die Spieler. In welchem Verhältnisse ist der Satz des Spiels zu vertheilen? S. 54.

38) Zwei Spieler A und B setzen gleichen Satz. Wer von ihnen zuerst 4 Partien gewonnen hat, ist Eigenthümer des Satzes. Nachdem A 2 und B 1 Partie gewonnen hatte, trennen sich die Spieler; in welchem Verhältnisse ist der Satz zu vertheilen? S. 54.

39) Nehmen wir an, B fordert A auf, gegen eine Einlage von 4 Thaler mit ihm Würfel zu spielen, wogegen B dem A soviele Thaler auszahlen will, als A überhaupt mit 1 Würfel Augen wirft; so ist hier die Frage, ob A diese Aufforderung billigerweise annehmen kann? S. 57.

40) Eine Bank bietet dem Publicum 100 Loose à 18 fl. an, worunter sich 3 Treffer beziehungsweise von 1000, 500 und 100 fl. befinden. Wer ist hier im Vortheil und um wieviel Procent? Wieviel ist ein Loos werth? S. 57.

41) Von 3 Spielern A, B, C hat jener die Partie gewonnen, welcher zuerst mit einem gewöhnlichen Würfel 6 Augen wirft. Welches ist nun die Wahrscheinlichkeit eines Jeden, das Spiel zu gewinnen, wenn A den 1sten, B den 2ten und C den 3ten Wurf hat, und alle 3 in derselben Ordnung fortspielen, bis das Spiel entschieden ist? S. 59.

42) Das Petersburger Problem.

Im Kopf- und Wappen-Spiel verspricht Peter dem Paul 1 fl., wenn Wappen auf den ersten Wurf fällt, 2 fl. auf den zweiten, 4 fl. auf den dritten u. s. w., bis endlich einmal Wappen fällt. Welchen Gegensatz hat nun Paul dem Peter zu machen, oder welches ist die mathematische Hoffnung des Paul? S. 63.

Wahrscheinlichkeit aus Beobachtung oder a posteriori.

43) In einer Urne befinden sich 4 Kugeln von weisser und schwarzer Farbe. In 4 Zügen, wobei jede gezogene Kugel wieder in die Urne zurückgelegt wird, kommen 3 weisse

und 1 schwarze Kugel zum Vorschein. Nun ist die Frage: Wieviel weisse und schwarze Kugeln enthält die Urne? S. 66.

44) Welches ist die aus jeder der in vorhergehender Aufgabe enthaltenen 3 Hypothesen resultirende Wahrscheinlichkeit, dass aus bezeichneter Urne in 4 Zügen 3 weisse und 1 schwarze Kugel gezogen werde? S. 67.

45) Welches ist die Wahrscheinlichkeit, dass von den in Aufgabe 43 enthaltenen Hypothesen die erste lieber zutreffe als die andern beiden? S. 68.

46) Welches ist die Wahrscheinlichkeit, dass bei dem 5ten Versuche eine weisse Kugel aus der in Aufgabe 43 erwähnten Urne gezogen werde? S. 69.